海口市重点科技计划项目（2010017）资助
海南师范大学学术著作出版项目资助

网络数字媒体技术在生物多样性数字博物馆中的应用研究

Research of network digital media technology and its Applications in Biodiversity Digital Museum

吴丽华　何书前　冯建平　蒋文娟　邓正杰　著

U0338356

国防工业出版社

·北京·

内 容 简 介

本书以最新的数字媒体形式对海南丰富的自然生态物种资源和藏品进行采集、处理、显示和管理，在兼容现有的国家数字博物馆采集规范基础上，增加最新的国际多媒体编码规范与标准、全景图像和三维图形数据，并具有良好的扩展性。通过对海南生态资源多样性数字博物馆的生态物种资源进行二维/三维数字数据采集，结合原有博物馆中文本、图片和视频等信息，完善现有的相关生态物种或藏品的数字媒体数据资源，为生态资源的科学管理、保护与利用提供有力的技术支持和参考意义。

本书适合于从事博物馆和文物保护机构的工程技术人员、管理人员、科研人员和大专院校博物馆专业师生阅读，也可供信息科学类数字博物馆研发人员和关注生物数字资源建设的爱好者参考阅读。

图书在版编目（CIP）数据

网络数字媒体技术在生物多样性数字博物馆中的应用研究/吴丽华等著. —北京：国防工业出版社，2013.7

ISBN 978-7-118-08932-5

Ⅰ.①网…　Ⅱ.①吴…　Ⅲ.①计算机网络—多媒体技术—应用—生物多样性—博物馆—研究　Ⅳ.①Q16-28

中国版本图书馆 CIP 数据核字（2013）第 182606 号

※

*国防工业出版社*出版发行

（北京市海淀区紫竹院南路 23 号　邮政编码 100048）

国防工业出版社印刷厂印刷

新华书店经售

*

开本 880×1023　1/32　印张 6⅛　字数 182 千字

2013 年 7 月第 1 版第 1 次印刷　印数 1—2000 册　定价 49.00 元

（本书如有印装错误，我社负责调换）

国防书店：（010）88540777　　　发行邮购：（010）88540776

发行传真：（010）88540755　　　发行业务：（010）88540717

前　言

　　博物馆作为人类文明记忆、传承、创新的重要基地，不仅要记录过去，还承担着反映现代和未来发展的重要职责。它是反映城市文化、加强社会教育、改善民众生活、促进社会发展的积极力量。数字生态博物馆是在信息时代背景下出现的一种文化遗产开发利用的新模式，是计算机科学、博物馆学和传播学等多学科融合的信息服务系统。当前，数字生态博物馆逐渐成为我国博物馆体系的重要组成部分，加快发展生态博物馆、社区博物馆、数字博物馆，对于创新博物馆文化的展现方式，提高博物馆文化的服务能力，满足公众文化需求的多样化，具有十分重要的意义。本书以海南生物多样性数字博物馆建设为例介绍相应的技术研究。

　　海南省有着得天独厚的自然生态环境，地域广、资源丰富。用数字化形式再现生态物种资源和生物博物馆标本藏品，实现人机交互漫游功能的多样化资源平台，符合海南省政府提出海南"生态省"建设目标和发展方向。本书研究成果——海南省生态多样性数字博物馆是在网络信息时代背景下出现的一种文化遗产开发利用的新模式。它是收集、保护、展示海南各种重要生态物种资源的重要场所，是实施我省素质教育，宣传海南省丰富的生态物种资源的重要平台。

　　本书以海南省为研究区域，将网络三维虚拟技术、基于图像的几何建模技术等应用于海南生物资源的收集、保护和展示研究中，并且选择"海南省生物多样性博物馆"作为切入点，进行"海南数字生物资源博物馆"的研究与设计。交互360°全景虚拟漫游技术是一个非常充满活力、具有很大发展潜力的实用技术。本书研究以三维全景漫游系统和全景拼图技术作为基础，介绍了利用鱼眼镜头和单电数码相机拍摄全景图进行有效拼接的技术，并将全景图与漫游结合起来，改变了原来网上单调、交互性差的二维平面展示，实现了三维实景环境与浏览者交互的全景漫游系统。随着全景虚拟漫游技术的开发与普及，全景漫游系统实现手段将会更加丰富，越来越多的网站会使用虚拟漫游技术开发生态旅游网站。研究成果提供给用户进行虚拟参观和漫游，极大地扩展了传统博物馆展示的内容和场景，这样不仅有利于馆藏物品的管理与保护，同时实现了更广泛范围内的资源共享，为游客的游览过程加入了更多更新的交互式体验。

本书从二维图像中恢复出物体或场景的三维几何信息，研究海南独特生态资源三维几何模型数据的建模方法和可视化方式，给出构建海南生态资源 Web 3D 模型数据库的技术框架。研究成果运用先进的虚拟网络三维互动技术，将海南省生态多样性博物馆的生态物种或者场景逼真地展示在互联网上。其研究意义在于：第一，建立了海南独特生态资源三维模型数据库及音视频数据库，为设计开发海南 Web 3D 数字生态博物馆平台系统提供了支持和数据基础；第二，在国内首次提出和定制了《基于 Web 3D 技术的海南生态物种图像信息的采集标准和采集方案》，将为生态物种的数字化图像信息采集起到借鉴和参考作用，对利用信息化手段保护、管理和展示海南独特的生态资源具有重要的现实意义。

根据海南生物多样性博物馆的信息资源的采集、检索和展示功能的应用需求，本书研究的主要内容包括以下几点。

（1）在海南生态资源多样性特征分析基础上，兼容国家数字图书馆采集标准的同时，研究现有国际多媒体编码规范与标准，扩展全景图像和三维图形建模数据采集部分，提出了海南数字博物馆中生态物种或藏品数字信息的采集规范和参考方案。

（2）利用网络三维虚拟互动技术，基于图像的图形建模技术、音视频压缩编码技术，根据海南生态物种或藏品的特点，建立海南生物多样性资源（Hainan Natural Ecological Heritage Resources）三维模拟库，即 Hainan NEHR-3D 模拟库。

（3）基于三维网页虚拟互动技术，设计和开发了海南三维互动Web 3D 数字生态资源博物馆系统平台。

（4）基于内容多媒体检索技术，研究生态数字博物馆中的多媒体搜索引擎及应用，包括对文本、图像和三维模型等生态物种或藏品数据的检索。

（5）通过多媒体数据的加密与数字水印技术相结合，研究并提出海南生态物种或藏品的 Web 3D 数字化藏品安全方案。

本书是由海口市重点科技计划项目（2010017）、科技部国际合作项目（2012DFA11270）、海南省自然科学基金项目（611128，612122，613164）和海南师范大学学术著作出版基金等项目资助。项目研究是在海南师范大学数字媒体技术研究所的众多研究基础上开展的。本书第 1 章和第 3 章由吴丽华撰写，第 2 章、第 5 章、第 7 章和附录部分由何书前撰写，第 4 章由冯建平撰写，第 6 章由邓正杰撰写，第 8 章由蒋文娟撰写，全书由吴丽华统稿。本书能够顺利完成，感谢海南师范大学信息学院的领导与同事们给予的帮助和支持；感谢国防工业出版社冯晨和崔艳阳为本书的编辑出版所做的工作，借此书正式出版之际，一并致以诚挚的谢意。

感谢阅读本书的读者们！由于海南生态资源物种资源复杂多样，同时网络三维虚拟技术也在不断地发展与变化之中，本书只是作者及研究所人员研究工作的一个新的起点，深入的研究工作我们还在继续。尽管我们的研究工作基于前人的研究基础之上，但仍感到研究的深度与广度不够，错漏之处也在所难免。书中不足之处，敬请读者批评指正。

吴丽华

于海南师范大学 数字媒体技术研究所

Lihuawu63@163.com

2013 年 3 月 25 日

目　录

第1章 绪 论

1.1 引 言

数字博物馆（虚拟博物馆）在 20 世纪 90 年代开始兴起，一些信息科技大国和重视文化传统的国家都非常重视数字博物馆的建设和推广工作。数字博物馆创新了博物馆文化传播的内容、形式和手段，它将分散收藏的文物信息以生动、交互、现代化的手段集中展示出来，实现了文物信息的资源共享、有效利用和科学管理，为不同用户提供数字化的展览展示、文化交流、科学研究、教育培训和游戏娱乐等服务。数字博物馆不仅包括丰富的数字化资源库，而且充分利用图像、音频、视频、地图和动画技术，设计出具有高度亲和力的用户界面，促进资源整合和技术交流。

数字博物馆是运用虚拟现实技术、三维图形图像技术、计算机网络技术、立体显示系统、互动娱乐技术、特种视效技术，将现实存在的实体博物馆以三维立体的方式完整呈现于网络上的博物馆。它将整个博物馆环境制成三维模型，参观者能在虚拟的博物馆中随意游览，观看馆内各种藏品的三维仿真展示，查看各种藏品的相关信息资料，通过数据库检索可以查阅馆内各类藏品的统计信息。数字博物馆把枯燥的数据变成鲜活的模型，使实体博物馆的职能得以充分实现。从而引领博物馆进入公众可参与交互的新时代，引发观众浓厚的兴趣，从而达到科普的目的。

1.2 数字博物馆国内外发展现状

1.2.1 数字博物馆的兴起和发展

数字博物馆又称虚拟博物馆，它通过数字技术、网络技术和交互式多媒体、虚拟现实技术等，将传统实物博物馆所拥有的职能通过数字化的形式在网络上再现，并且在技术和实现的手段上大大扩展了传统博物馆的展览、演示、归档和管理等各项职能。数字博物馆是随着信息技术的发展而逐渐兴起的一种新型的博物馆建构模式，它将海量的博物馆资源数字化，并提供给用户进行虚拟参观和漫游，从而极大地扩展了传统博物馆展示的内容和场景，这样不仅有利于馆藏物品的管理与保护，同时实现了更广泛范围内的资源共享，为游客的游览过程加入了更多更新的交互式体验。

虚拟现实技术（Virtual Reality，VR）是 20 世纪 90 年代为科学界和工程界所关注的技术，是多媒体技术广泛应用后兴起的更高层次的计算机用户接口技术。它利用计算机生成一种模拟环境，通过多种传感设备使用户融入该环境中，实现用户与该环境直接进行自然交互。虚拟现实技术是数字博物馆实现的关键技术，具有沉浸感（Immersion）、交互性（Interaction）和想象性（Imagination）三大特性，这就决定了基于虚拟现实技术的展示形式一定比单纯的图片加文字信息的展示方式更加形象生动，且具有更明显的交互感。

随着计算机技术以及网络信息技术的进步，自 20 世纪 90 年代起，世界各国博物馆均开始了数字化建设的进程。美国国会图书馆自 1990 年开始推动"American Memory"计划，进行图书馆内文献、手稿、照片、录音、影片等藏品的数字化整合，并编辑成历史文化传承的主题产品。欧盟赞助法国信息与自动化研究院进行"Aquarelle"计划，支持欧洲各国博物馆与相关机构通过网络共享各自的数字典藏，进行文化传承，数字化的建立为欧洲文化遗产网络推动欧洲在非物质文化遗产保护方面发挥积极作用[11]。日本最著名的数字博物馆计划是由 IBM 东京研究所与日本民族学博物馆合作的"全球数字博物馆"计划，主要是支持网络环境中数字典藏资料的检索，同时支持互动式的网络浏览、编辑，尤以博物馆教育为重点。这使得各个博物馆成为日本有形文化财产和无形文化财产保护、研究和教育的基地。

中国博物馆学会于 2003 年 11 月 28 日成立了数字化专业委员会，国家文物局已经将数字博物馆的研究正式立项，即"中国数字博物馆工程"。2001年11月，教育部启动了"大学数字博物馆建设工程"项目，重点支持北京航空航天大学、山东大学、复旦大学、四川大学等18所有特色的大学博物馆进行数字化改造，现已取得阶段性成果。目前，我国数字博物馆建设还处于起步阶段，主要进行实体博物馆的信息化建设，重点工作在于利用计算机技术收集、整理、保存、加工和展示各类文物信息，在应用软件研发和局部信息基础设施建设方面也取得了一定的进展。有影响的项目主要有虚拟故宫、数字敦煌以及上海博物馆、南京博物院等文博机构的信息化工程。

1.2.2 中国数字博物馆的发展

我国数字博物馆建设从20世纪90年代起步，逐步进入快速发展阶段。

近年来，中国在数字博物馆建设方面取得了可喜的成绩：从"博物馆数字化""博物馆上网"到"数字化博物馆""数字博物馆"，从启动"大学数字博物馆建设工程""中国数字博物馆工程"到"北京中医药数字博物馆""北京数字博物馆平台""中国数字科技馆"的开通运行，一批数字博物馆、数字科技馆突破时间和空间的限制，方便快捷地为社会公众提供公益性信息资源服务，成为了展示中华历史文化的新舞台。

目前，随着以"文物调查及数据库管理系统建设项目"、"数字故宫"等为代表的一大批文博信息化项目的开展，数字博物馆的应用得到很大发展：国家文物局颁布了博物馆藏品信息指标体系规范；山西、辽宁、河南、甘肃四省300多家文博单位完成了38万多件珍贵藏品数据采集，故宫、上海博物馆等单位也完成了10万件以上的文物数据采集；全国有近200家博物馆建立了互联网站；几十家博物馆建立了内部局域网并使用了各种版本的藏品信息管理软件、图书资料管理软件和办公自动化系统；故宫、首都博物馆、上海博物馆、南京博物馆、金沙遗址博物馆、敦煌博物馆等单位充分利用信息技术在馆内进行辅助展示，并开展了三维数据采集和利用；一批深入解读遗产价值的数字文化产品，如故宫、圆明园等广泛传播，并取得良好效益。如图1.1所示。

图 1.1　中国大学数字博物馆的首页

1.2.3　中国生态博物馆的建设

生态博物馆产生于 20 世纪 70 年代，是对自然环境、人文环境，物质遗产、非物质遗产进行整体保护、原地保护和居民自己保护，从而使人、物与环境处于固有的生态关系中，并和谐发展的一种博物馆新理念和新方法。

近年来，生态博物馆、社区博物馆、数字博物馆等类型的博物馆逐渐兴起，博物馆已不再仅限于过去所形成的传统框架，而是积极创建和拓展出更广阔的空间和更宽阔的领域，进一步拉近了与社会公众的距离，亲和力和影响力显著增强。目前全世界的生态博物馆已发展到 300 多座。表 1.1 给出了生态博物馆与传统博物馆之间的区别。

我国对生态博物馆的研究始于 20 世纪 80 年代中期，1986 年《中国博物馆》杂志集中介绍了国际生态博物馆运动的有关成果。20 世纪90 年代中期开始推向实践建设。之后，来自人类学、民俗学、博物馆学等多学科的学者对生态博物馆的研究从观望状态转入了与实践结合的学术研究阶段。国内学者对生态博物馆的操作模式、社区参与机制、旅游开发、保护与开发的博弈、生态博物馆理想与现实的对接等问题进行了较为深入的探讨。

1995 年，中国第一座生态博物馆梭嘎苗族生态博物馆建立。经过

表 1.1　生态博物馆与传统博物馆的区别

属性	传统博物馆	生态博物馆
范围	静态的独立建筑或者建筑群	整个特定的社区——社区的自然和文化遗产被原状地、动态地保护在其原生环境之中
主体	专家学者	经过培训，由社区居民亲自记录社区发展档案
功能	保护和收藏文物	资源保护中心——用以保存自然和文化遗存
	教育	"镜子"和"学校"——用于社区居民立现在、借鉴过去、掌握未来
		"展柜"——向外来参观者（消费者）充分展示自身文化艺术，宣扬文化多元主义和人权价值观
		"实验室"——了解和研究当地居民的过去以及未来发展
服务对象	本地居民、外来公众	社区居民、外来大众、研究目的学者、专业机构
展示内容	多具有文物价值的经过历史沉淀的具体实物遗存	社区中的一切资源，包括文化和自然的。文化不仅仅是有文物价值的实物遗存，还有传统的风俗等一系列非物质文化遗产
展示方式	静态、孤立地陈列于博物架上，脱离原生环境	时间和空间、静态和动态有机结合；原状地、动态地、鲜活地保护于原生环境中

10 余年的发展，贵州、云南、广西、内蒙古等地建立了约 30 座生态博物馆，为西部地区文化遗产保护和博物馆发展开辟了一条崭新的道路。目前，在东中部一些文化遗产资源丰厚、经济基础较好的地区，也开始了生态博物馆建设的探索，通过寻求城市化、新农村建设中文化遗产保护和博物馆工作的有机结合，走出一条有别于我国东部生态博物馆的建设道路。如浙江安吉生态博物馆，就为经济社会转型时期的东部地区乃至全国范围内生态博物馆的建设，提供了良好的经验借鉴。

从 20 世纪 90 年代至今，中国先后建立了贵州生态博物馆群、广西"1+10"民族生态博物馆群、内蒙古达茂旗敖伦苏木生态博物馆和云南西双版纳布朗族生态博物馆等地方特色生态博物馆，如图 1.2、图 1.3 所示。这些生态博物馆建设大多选择了民族文化丰厚，但居民生活却极为贫困的落后地区，它们的建设往往承担着社区发展和文化遗产保护双重重任。这些生态博物馆的构成主要是一个信息资料中心，以及开放性的社区活体保存和展示中心，并通过旅游开发提高社区居民的生活水平。在欠发达地区的生态博物馆实践中也遇到很多难题，如在资金、人才、制度等方面的限制。特别突出的问题是社区居民自我认知不足，文化主导权在理念先进的政府和专家手中，需要文化代理完成生态博物馆的初期建设，从而降低了保护成效，也使得生态博物馆的巩固相当困难。

图 1.2　贵州生态博物馆群

图 1.3　广西 11 个民族生态博物馆

6

1.2.4　海南旅游数字博物馆

海南旅游数字博物馆（http：//www.haihainan.com/）是中国首家旅游数字博物馆。严格说来，海南旅游数字博物馆不是单一的数字博物馆，而是一种新型的旅游专题数字博物馆群落。这种数字博物馆群落的结构是非线性的，具有一种开放式超媒体性质。如海南旅游数字博物馆的一级专题馆由县市巡游馆、生态旅游馆、民俗旅游馆、非物资文化遗产馆、红色旅游馆、美食旅游馆、特产旅游馆、精品聚焦馆、旅游管家、南国社区、贴吧及将不断添加的专题旅游馆组成，如图1.4所示。

图1.4　海南旅游数字博物馆

海南旅游数字博物馆各类栏目和各种信息内容都聚焦于一个指向——海南国际旅游岛旅游文化体验。即通过信息化、数字化、网络化及智能化手段，全景式展现乃至提升海南国际旅游岛旅游文化资源与产品的品位和档次，通过独特海岛旅游文化生命的数字化张扬、活化，让传统文化的体验与时尚生活的感受结合起来，完成旅游文化从静到动、从古板到鲜活、从被动观光到主动参与体验的系列嬗变，让游客能够真正充分欣赏、体验海南国际旅游岛博大精深的多彩文化，让海南走向世界，变成现实。

1.3 数字博物馆概述

1.3.1 数字博物馆的定义

我国文博界对数字博物馆的理解和命名至今尚未统一，在很多场合和情况下，把"数字博物馆""数字化博物馆""虚拟博物馆""网上博物馆"等词互换使用。

数字博物馆（Digital Museum，DM）是指那些将自身的文物与标本藏品及陈列展览采用计算机数字化技术进行处理、加工、存储，并广为社会观众浏览观赏的多媒体数字化信息机构。它通常是建立在互联网上的科普性主题网站，运用计算机数字化技术（Web 技术、VR 技术、多媒体技术等）系统设计的可供实时交互的博物馆展示平台。

数字博物馆通常由文物数字知识仓库、文物展示传播平台（馆内传播平台、馆外传播平台）、文物学术研究平台等构成。其中，馆外传播平台中的文物虚拟展览模块就是利用三维虚拟技术，将博物馆建筑及馆藏进行一次实景复制，制作出完整的虚拟博物馆。这种方法突破了传统文物展示在时间、空间和传播形式上的限制，通过结合虚拟现实、多媒体，以及文物三维制作技术拓展了博物馆的展示教育功能。

数字博物馆常见模式主要有：基于多媒体页面——单纯网站式；基于全景技术——展品和展馆的三维展示；基于三维建模及 VRML 技术的展馆或场景的虚拟漫游和三维仿真；基于虚拟现实设备——完成虚拟漫游和仿真等四种模式。目前基于三维建模、VRML 技术的这种方式具有一定的互动性，能较真实地表现博物馆的布局和物品的三维特性，也是当前研究和应用的主要方法。同时，这种方法突破了传统文物展示在时间、空间和传播形式上的限制，通过结合虚拟现实、多媒体，以及文物三维制作技术拓展了博物馆的展示教育功能。

1.3.2 数字博物馆的特点

数字博物馆的主要特点有：

（1）突破了空间和时间的限制，能在更广阔的范围、任何时间、任何地点上网参观，利用方便。

（2）能对实体博物馆数字资源（包括文字、图像、声音等）进行整合、加工、提升和频繁更换，并运用多媒体手段营造逼真、形象、生动的展示效果，使提供的知识、信息丰富多彩。

（3）能在教育区域建立专家定期讲座和专题教育节目以及配合学校课程设计多媒体教学资料，进行网络远程教学，使知识的学习更为方便、深入和系统。

（4）没有物理空间的限制，它能在不同栏目和页面之间穿梭连接，无论是参观展览、欣赏藏品，还是浏览新闻、活动资讯或是参与学习讨论，都非常方便，有绝对的自主权。

（5）能利用论坛、留言版、公众信箱等发表意见和建议，相比实体博物馆展厅的"观众留言"和观众调查，更为客观、真实并体现对个人意愿的尊重。

与实体博物馆相比较，数字博物馆具有信息实体虚拟化、信息资源数字化、信息传递网络化、信息利用共享化、信息提供智能化、信息展示多样化等特点。在这里，最为关键的是信息实体虚拟化，即数字博物馆的一切活动，都是对实体博物馆工作职能的虚拟体现。数字博物馆对实体博物馆功能的拓展与辅助，主要体现在以下几方面：①数字博物馆是实体博物馆向外打开的另一扇窗口，大大促进了博物馆与社会公众的沟通；②数字博物馆是促使潜在观众变为实体博物馆观众的桥梁；③数字博物馆是广泛传播博物馆文化的重要渠道，促进了博物馆文化的影响和传播；④借助互联网和数字技术的各种优势进行交互式远程教学，是进行远程教学的课堂；2464 数字博物馆是促进实体博物馆管理水平提高的有效手段。

1.3.3　数字博物馆的功能和应用需求

数字博物馆集藏品数字信息资源的采集、管理和展示于一体，服务于文物保护、管理和利用工作，主要提供了以下几个应用需求。

（1）数据采集。包括对藏品基本信息、管理信息和研究信息的文本及二维影像数据采集，以及有条件地进行特殊功能和复杂信息的采集（如三维数据等）。需要：采集设备工具、采集标准规范、数据交换和存储设备、特殊数据采集和加工技术等。

（2）藏品信息管理。既有对进入藏品数据库的信息进行统计、查询和知识整合，又有将人作用于藏品的保护、研究和管理信息不断积累，形成藏品的"生命档案"。需要：以藏品信息管理为核心的博物馆综合业务管理软件、数据库管理软件、知识库管理和信息服务平台等。

（3）网络接入。包括博物馆内部局域网连接和互联网接入。需要：网络和计算机设备、综合布线、网络管理技术、安全设施等。

（4）虚拟信息展示。涵盖博物馆内部辅助实物藏品的展示（如集管理、传播和收藏功能于一体的电子门票、导引观众和检索信息的电子触摸屏、配合展览说明的数字播放和投影、可供点播讲解的手持PDA、可以自助查询服务的电子阅览终端、可以人机交互包括非接触式交互的展示平台、数字特效影院等）、互联网上的展示和数字文化产品等。需要：图像辅助搜索、多媒体互动、虚拟现实、幻影成像、场景仿真、感应控制等技术和相关设备，网站策划设计制作和数字文化产品策划开发等。

1.3.4 数字博物馆未来发展趋势

数字博物馆建设方兴未艾，在快速发展的同时，其应用发展前景广阔。未来的数字博物馆必将更加开放，从而更具活力。当前自博物馆免费开放以来，观众人数呈现大幅度增长，但也随之带来了不同层次观众对博物馆教育、服务功能需求不同的问题。如何展现博物馆的新形象，使观众获得更好的参观体验，一直是文博界努力探索的课题。新媒体的出现则打破了博物馆在人们心目中的严肃古板形象，以生动的展现方式与表现手法引领博物馆走进信息时代。数字博物馆未来发展的趋势有以下几个方面。

1. 建立数字化展厅

在数字建模、三维扫描等技术被普遍应用到城市规划、工业制造、科学研究的今天，博物馆也开始逐步探索此类技术在文物保护、文物数据存储等方面的应用，并先后开展了"数字故宫""敦煌石窟壁画数字化采集""秦俑博物馆二号坑遗址三维数字建模"等项目。内蒙古博物馆更是成功完成了 800 件（组）文物的定量化记录。这些经过采集、处理的数据包含了文物表面最精确、最完整的形态信息，能够最大限度还原文物表面的色彩和纹理，为今后文物信息的共享、传播和研究提供了便利。在文物数字资源趋于完备的前提下，博物馆将来完全可以有计划、有组织地把这些资源应用到馆际交流甚至展厅陈列中。

2. 新媒体的广泛应用

美国《连线》杂志将新媒体定义为"所有人对所有人的传播"，通俗地说，就是在新技术支撑下，包括数字报刊、手机短信、公交电视、网络、触摸媒体等在内的，有别于报刊、广告牌、广播、电视等传统媒体的新型媒体形态。具体到博物馆行业，新媒体表现为视频、投影、互动体验、语音服务等多媒体技术。它利用计算机技术的处理，令文物展品本身及相关资料呈现出"虚拟"的视觉效果，使展品更具感染力，并提高了观众的参与度，以最终实现展览的宣传目的。

文物藏品的展示其实是一个博物馆化处理的过程，展品的大量附加信息都需要由布展方来表现。发现藏品的内在价值，挖掘其历史信息，始终是博物馆在制作展览时不变的主旨。在以实物为中心的展览中，新媒体的有效运用能通过听觉、视觉等感官互动，令观众更加积极地参与其中，帮助参观者解读历史，提升探索知识的兴趣，对于培养民众的科学精神、创新意识均具有重要的意义。期待博物馆在新媒体的辅助下开拓出更为广阔的天地来。

3. 借助智能平台，打造博物馆的多功能导览系统

目前，国内各大博物馆的文物展示说明主要还是依靠说明牌、电子讲解器、人员讲解这老三样，但传统形式历来存在着不同程度的弊端。而由于使用上的局限，观众们只能逐一使用电子讲解器，且只能倾听事先录好的介绍，另外存在着设备维护、消毒卫生、参观方便等问题。智能手机与平板电脑的出现，无疑为解决上述难题开辟了新的途径。这些新科技产品使用广泛、便于携带，具备无限上网、软件装卸等功能。

近年来，不少博物馆也纷纷关注起"掌上导览系统"的巨大影响力。以国家博物馆的"文博任我行"手机导览软件为例：该软件集票务预约、参观导览、文物讲解于一体，包含了图片、音像等多种资料。

随着无线网络覆盖在全国范围内的全面铺开，以及手机智能化趋势的不断加强，设计一套合理的掌上导览系统，将文化载入手机，融入大众的生活，对博物馆宣传更具有非同一般的意义。

1.4　海南生物资源的总体特征

1.4.1　生物多样性概述

根据《生物多样性公约》的定义，生物多样性是指"所有来源的活的生物体中的变异性，这些来源包括陆地、海洋和其他水生生态系统及其所构成的生态综合体；这包括物种内、物种之间和生态系统的多样性"。也就是说，生物多样性是指地球上所有生物（动物、植物、微生物等）、它们所包含的基因以及由这些生物与环境相互作用所构成的生态系统的多样化程度。它包含三方面内容：生态系统多样性、物种多样性和遗传资源多样性。本项目的研究主要侧重于海南物种多样性的研究和展品数字化与虚拟化。

因为生物多样性是地球生命的基础，生物多样性可以帮助清洁我们呼吸的空气及饮用水，为我们提供食物。生物多样性还为我们建造房屋提供原材料。另外，生物多样性还带给我们自然世界的无尽美丽。生物多样性的意义主要体现在它的价值。对于人类来说，生物多样性具有直接、间接和潜在的使用价值，在提供食物、工业原料、医药等来源，维系自然界物质循环、能量转换、净化环境、改良土壤、控制病虫害、涵养水源、保持水土、调节小气候、促进生物进化和自然演替等方面发挥着重要的作用。

生物多样性保护是全球关注的热门话题。5 月 22 日是国际生物多样性日。2010 年被联合国确定为"国际生物多样性年"，主题为"生物多样性就是生命，生物多样性就是我们的生命"。为了更好地宣传保护生物多样性，2010 国际生物多样性年中国行动已经启动。目前生物多样性保护热点问题主要涉及遗传资源获取和惠益分享、农业和粮食问题、气候变化问题、外来入侵物种等。其中，生物遗传资源保护、获取和惠益分享问题已成为《生物多样性公约》后续谈判的焦点，受到世界各国政府的高度重视。

1.4.2 中国生物多样性的特点

中国生态系统类型多样，物种丰富，有高等植物 3.5 万多种，占世界总种数的 12%，居世界第三。动物种类约 10.45 万种，占世界总种数的 10%。由于我国受第四纪冰川影响较小，从而保存下来许多古老的特有种，如大熊猫、金丝猴、桫椤、珙桐等。我国是世界三大栽培植物起源中心之一，水稻、大豆等 20 余种作物均起源于中国，并且拥有大量栽培植物的野生近缘种，如野生稻、野生大豆等。我国粮食单产从 1949 年每公顷（1 公顷=10000m^2）1050 多千克提高到 2007 年的 4670 多千克，水产品产量连续十余年居世界首位，基本得益于我国丰富的生物种质资源及其开发利用。

1.4.3 海南岛生物多样性的特点

海南省全岛面积约为 3.4 万 km^2，森林面积 1714700 公顷，森林覆盖率达 51%，热带天然林约占全省森林面积的一半。海南地处热带，长夏无冬。与美国夏威夷处在相近纬度，在长达 1528km 的海岸上遍布可以开发建设成为世界一流旅游圣地的旅游资源，岛上终年气候宜人，四季鸟语花香，矿物、动植物资源丰富，尤其石油与天然气蕴藏量可观。所孕育的热带雨林和红树林为中国少有的森林类型，是开展科研、旅游和教学最理想的选择之地。

目前海南省已发现的植物有 4200 种，占全国植物种类的 15%，有近 600 种为海南特有。在 4200 种植物中，乔灌木有 1400 多种，占全国乔灌木种类的 28.6%，其中 800 多种是经济价值较高的用材树种；药用植物 2500 多种，占全国药用植物的 30%左右，其中有抗癌作用的植物 137 种；果树 142 种；油料植物 89 种；其他经济植物近 200 种。野生动物中爬行类 104 种，占全国的 29.5%；兽类 76 种，占全国的 18.6%。

海南丰富的生物在中国占有十分显著的地位，保护生物多样性是海南林业的重点工作之一。现被列入国家保护的植物有 58 种，其中一级 1 种，二级 19 种，三级 38 种；保护的动物 133 种，其中国家一级 14 种，二级 87 种，省级 32 种。

13

1.4.4 海南生物多样性现状分析

海南热带雨林是一个基因宝库，因其物种的丰富性与大量的特有种，在生物多样性保护中具有极大价值。在1986—1990年的海南岛作物种质资源考察中，共收集各种作物品种、野生种、半野生种、近缘野生种5545份。发现植物新种7个，中国海南的新记录科、属、种120余种。2006—2009年进行的一系列物种及资源调查：野生兰种质资源调查、野生稻种质资源调查、外来入侵物种（植物）调查和海南动植物物种资源调查。调查结果显示：目前海南共记录了9350多种陆生动物，特有种885种。其中陆生野生脊椎动物590种（特有种20种），无脊椎动物8761种（特有种865种）。

海南维管束植物共有4930多种（包括蕨类和种子植物，含变种；传统为4600种）。野生维管束植物共有3940多种。在野生维管束植物中，国内特有种869种，海南特有种571种，国家一级保护植物12种，二级保护植物51种。另外，海南引种栽培植物种类相当丰富，据不完全统计，目前已记录的达1500种左右（含变种）。

海南红树林分21科、25属、35种，其中真红树12科、16属、25种，半红树9科、10属、9种，包含了全国95%以上的红树林科、属、种（含半红树植物和红树伴生植物）。

海南已发现普通野生稻、药用野生稻和疣粒野生稻3个野生稻种，是中国现有已发现野生稻的全部种类，也是世界公认的21个野生稻种的一部分。经对海南省除琼中、白沙和屯昌外的15个市县的野生稻资源的调查，发现野生稻居群104个，其中普通野生稻居群88个，疣粒野生稻居群11个，药用野生稻居群5个。大多居群都是10亩以下的。居群中植株密度多数为零星分布。

海南野生兰由于所处的地理环境，显得资源丰富，种类繁多。据有关资料报道，海南岛共有兰科植物68属178种，3个变种。根据我们野生兰种质资源调查项目调查到的种质已有42属，超过80种。

虽然我们拥有丰富的生物多样性资源，但是资源受破坏程度也相当严重。如我们在进行物种资源调查时发现，海南受保护动植物濒危状态较为严重，主要原因是森林破碎化，较多的动植物种类种群发育受影响，生存的环境遭到破坏。如三线闭壳龟，也就是我们常说的"金钱龟"，因人类捕食的原因，现在野外已难觅其踪。而由于海南岛的原始森林面积的减少，绯胸鹦鹉、鹩哥等以前常见到的鸟类生存受到严重威胁，数量锐减。

1.4.5 海南生物多样性保护情况

为保护好生物多样性，保护好珍稀物种，自 1960 年起，海南省开始筹建第一个自然保护区——尖峰岭热带森林自然保护区以来，至今已建立了 53 个各级各类型的自然保护区，陆地面积 25.48 万公顷，占全省陆地面积的 7.28%。另外，为保护其他一些资源建立起的保护区也间接地保护了一定的物种资源，如饮用水水源地保护区等。但是，同资源受破坏的现状相比，我们做得还远远不够。尤其是普通大众的生态环境保护意识没有跟上。我们单单靠法律法规的规定来保护物种资源是不能达到保护效果的。

海南岛作为热带岛屿省份，森林覆盖率较高，植物种类繁多，已知维管束植物约占全国总数的 1/7，至今仍保存着我国最大面积的热带雨林，是我国最大的热带自然博物馆、最丰富的物种基因库，有"绿色宝库"之称。但因其海岸线长、观光旅游的游客和南繁育种的植物种类多，同时，光、温、水、土壤条件较好，且生态环境脆弱，因此，海南也是许多外来入侵物种的"天然大温室"，防范外来生物入侵困难不小。在我国常见的 180 多种入侵植物中，海南省就有 90 多种，是遭受植物入侵最严重的省区之一。目前，椰心叶甲已在岛内大面积爆发，并造成一定损失，飞机草、假臭草等已遍布岛内的林缘、旷野、荒地、路边和房前屋后。水葫芦、非洲大蜗牛已对一些水体造成危害。

现在海南岛逸出为野生状态归化的外来植物约有 48 科 120 属的 165 种，其中，在这些外来植物中现在海南分布较广、危害较大的外来入侵植物种约有 91 种。这些外来物种目前大多已侵入到海南的农田、荒地、林地、自然保护区等各种生态系统，对当地农、林生产和生态安全等造成一定影响。

1.4.6 海南生物多样性博物馆介绍

海南生物多样性博物馆是海南省第一个融科学性、趣味性为一体的自然科学类博物馆，同时也是海南省系统、持久、全面开展生态环境保护宣传和公众环保意识教育的基地。在海南生物多样性博物馆建设期间，先后接待了中小学生、学者、游客和政府官员 15 万余人，在社会上产生了积极的反响。该馆坐落在海南师范学院校内，总投资 600 万元，建于 2000 年，2002 年元月博物馆全部展厅竣工，总面积为 1225m^2，设有"生物多样性展厅""标本储藏馆""鲸鱼展厅""海兽多样性展厅""人、社会、自然展厅"及校园植物园，共 48 个主题单元，目前，该馆藏动植物标本、图片共有 7000 余件，如图 1.5 所示，详细地反映了海南岛丰富的生物多样性资源。

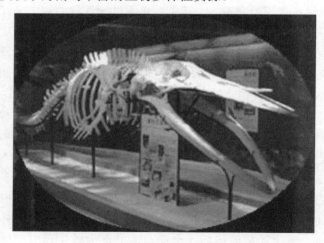

图 1.5　海南生物多样性博物馆

海南生物多样性博物馆中的"海兽多样性展厅"主要展示了南海海域的海兽多样性及其面临的危机。其中，巨鲸骨骼和内脏标本是全国之最，包括长达 9.06m 的巨鲸骨架标本、全国独一无二的整套鲸鱼内脏浸制标本等，如图 1.6 所示。

图 1.6　巨鲸骨骼标本

"人、社会、自然展厅"主要展示人与自然关系的历史变迁、人类的起源、人体结构、青春期的男孩和女孩等内容；"海南生物多样性展厅"主要展示海南丰富而独特的生物多样性资源及其面临的危机。如图 1.7 至图 1.9 所示。

图 1.7　海南的龟类资源展示

（展示区） （功能区）

33_海南小树蛙

33_细刺蛙

33_海南溪树蛙

中文学名：海南溪树蛙
中文目名：无尾目
中文科名：树蛙科
中文属名：溪树蛙属
英文俗名：Hainan Buerger's frog
主要分布省份：海南
分布在以下保护区：吊罗山 尖峰岭 坝王

图 1.8 海南的蛙类资源展示

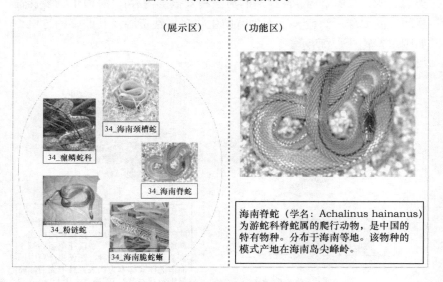

（展示区） （功能区）

34_海南颈槽蛇

34_瘰鳞蛇科

34_海南脊蛇

34_粉链蛇

34_海南脆蛇蜥

海南脊蛇（学名：Achalinus hainanus）
为游蛇科脊蛇属的爬行动物，是中国的
特有物种。分布于海南等地。该物种的
模式产地在海南岛尖峰岭。

图 1.9 海南的蛇类资源展示

1.5 项目研究内容及框架

根据海南生物多样性博物馆的信息资源的采集、检索和展示功能的应用需求，本项目研究的主要内容包括以下几个方面。

（1）参考国家数字图书馆采集标准，研究现有国际多媒体编码规范与标准，提出海南数字博物馆中生态物种或藏品数字信息的采集标准和采集方案；

（2）利用先进的二维/三维建模技术，根据海南生态物种或藏品的特点，建立海南自然生态遗产资源（Hainan Natural Ecological Heritage Resources）3D 模拟库，即 Hainan NEHR-3D 模拟库；

（3）基于三维网页虚拟互动技术，设计开发海南三维互动数字生态资源博物馆系统平台、多媒体搜索引擎；

（4）基于内容多媒体检索技术，研究生态数字博物馆中的多媒体搜索引擎及应用，包括对文本、图像和三维模型等生态物种或藏品数据的检索；

（5）通过多媒体数据的加密与数字水印技术相结合，研究并提出"海南生态物种或藏品的 3DWEB 数字化藏品安全"方案。

项目研究过程的流程，如图 1.10 所示。

项目研究方案及技术框架为：

（1）海南自然生态资源具有生物多样性特征，按照物种分类特征，参照国家数字图书馆资源编码规则，提出海南 3DWEB 生态博物馆信息指标体系。

（2）按照国际最新的多媒体编码标准 JPEG2000、H.264 和 EONTM Studio 3D 技术，结合现有流行的二、三维采集技术与显示技术，提出海南数字生态博物馆中藏品数字信息的采集标准与建模标准。

（3）在 JPEG2000 和 H.264 框架下，根据视觉媒体特征进行相似性匹配，检索的视觉媒体特征有：颜色、纹理、轮廓、形状、空间约束、结构描述及其他的图像信息，研究基于内容多媒体检索技术在 3DWEB 数字博物馆中的应用。研究三维模型形状特征描述，提出具有尺度与旋转不变性的三维模型网格特征提取和相似性匹配新方法和新算法。

19

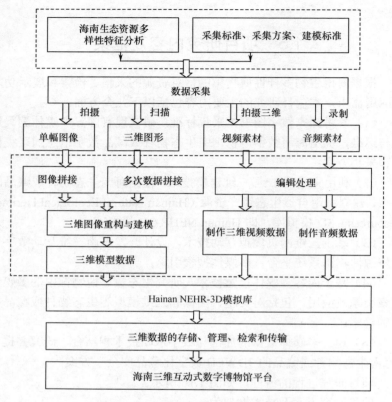

图 1.10 三维图像重构与三维建模过程

（4）通过构造水印序列和嵌入网格位置加入密码技术，进一步提高 3DWEB 数字化藏品数字水印嵌入的安全性。

（5）基于三维网页虚拟互动技术，设计并实现海南三维互动 3DWEB 数字生态博物馆系统。

1.6　项目研究的选题意义和应用价值

1.6.1　研究选题意义

本项目的研究的意义主要体现在：

1. 在国内首次提出并定制了海南生态物种资源的数据采集与建

模标准

该项目完成后，研究的技术成果在国内首次提出并定制了下列几项标准：

（1）海南数字博物馆信息指标体系；

（2）海南生物多样性数字博物馆中藏品数字信息的采集标准；

（3）海南生物多样性数字博物馆中藏品数字信息的建模标准；

（4）加密与数字水印相结合的数字化藏品安全解决方案。

2．"海南生物多样性数字博物馆"系统平台建设具有的现实意义

（1）提高海南自然生态物种资源的展出率与展出效果。目前，该博物馆内收藏于各类博物馆中的自然生态物种或藏品达数万件，但受硬件的限制，能展出的仅占极少部分，导致展品的更换率极低，对观众的吸引力大为削弱。

（2）整合并共享生态物种资源。通过计算机网络来整合统一大范围内的海南自然生态遗产和物种资源，利用三维技术更加全面、生动、逼真地展示不可移动的生态遗产和物种，从而使海南生态遗产和物种资源脱离地域限制，实现资源共享，真正成为全人类可以"拥有"的文化遗产。

（3）提高生态文物保护技术手段。利用虚拟技术大量而完好地多角度展示易损生态物种或藏品，从而使生态物种实体保存在更加严密的环境中，有利于生态物种寿命的延长。

（4）突破时空限制充分发挥文物的价值。运用最新的三维技术能根据考古研究数据和文献记载，模拟地展示尚未挖掘或已经湮灭了的生态文化遗址和遗存。

3．"海南生物多样性数字博物馆"系统平台达到的社会效益

当前，在海南国际旅游岛建设背景下，海南博物馆的数字化建设意义深远。海南省关于国际旅游岛的建设规划，最重要的发展方向是：发挥海南省生态环境和热带岛屿资源优势,加快推进旅游国际化进程,把海南建设成为旅游国际化程度高、生态环境优美、文化魅力独特、社会文明祥和的世界一流的海岛型旅游和休闲度假地。为了加快国际旅游岛建设发展进程，向世界充分展示出海南丰富的生态典藏和浑厚的历史内涵，该项目研究运用先进的二维/三维网页虚拟互动技术，将

生物多样性博物馆的场馆、生态物种或藏品如同实地参观一样逼真地展示在互联网上，项目成果投入使用后呈现出海南省博物馆丰富的典藏和浑厚的历史内涵，同时让世人足不出户就能感受到博大精深的海南历史与文化。

1.6.2　应用推广价值

（1）项目成果为海南省博物馆的各种生态馆藏文物提供一种生动多样的展示形式，可作为海南省传统博物馆展示生态资源形式的一种灵活、重要的补充。这种数字化展示形式不受地理位置限制，使观众远程身临其境地游览"海南生态多样性博物馆"的生态馆藏和海南文化，极大地发挥了博物馆的社会教育和社会服务功能。

（2）建成的海南自然生态物种资源三维模拟库，达到一定规模后可在多个应用领域扩展，并为其他项目提供丰富的数据。还可以在网络上实现虚拟游览已经湮灭的海南自然生态遗产资源，对当前海南自然生态遗产资源宣传和保护起到了积极促进作用。

（3）项目平台系统可以在海南各大门户网站上设置链接，为展示海南历史和生态文化提供网站和网络入口。另外，可以在海南省博物馆设置电子触摸屏设备，以导引观众和提供生态资源检索服务。

（4）项目系统平台不仅可以虚拟游览"海南省生物多样性数字博物馆"现实的信息资源，还可扩展推广到其他数字旅游、数字城市建设、远程教育和企业产品营销等相关领域。

（5）项目提出的海南数字博物馆中藏品数字信息的采集标准和方法，可为今后海南省其他生态物种或藏品的数字信息的采集起到借鉴和参考作用。

参 考 文 献

[1] 朱晓冬，周明全，耿国华. 虚拟博物馆开发模式研究[J].计算机应用与软件，2005,22(6):34-35.

[2] 冼枫.虚拟博物馆[J].装饰，2007,(9):60-62.

[3] 李健，万群生.VRML 交互研究与基于 H-Animation 人体骨架的个性化定制[DB/OL].http://www.ahcit.com/lanmuyd.asp?id=2493(2012-06-19).

[4] 何东杰.虚拟生态博物馆：生态博物馆资料中心建设的新途径[J].贵州民族研究，2010,31(132): 51-55.

[5] 徐士进.数字博物馆概述[M].上海：科学技术出版社,2007.

[6] 苏东海.中国生态博物馆的道路[J].中国博物馆，2005，（3）:5-25.

[7] 中国历史文化遗产保护网[DB/OL].http: / /www. wenbao. net/htm l/why ichan /museum /bwg htm/.

[8] 国家自然科技资源平台[DB/OL].http: / /www. cugb. edu. cn /ndcpp/ link. htm/.

[9] 中国大学数字博物馆门户网[DB/OL].http: / /dmcu. nju. edu. cn /index. htm/.

[10] 海南旅游数字博物馆[DB/OL] .http://www.haihainan.com/.

[11] 海南省博物馆[DB/OL].http://hnbwg.hinews.cn/index.php.

[12] 虚拟现实技术在文物展示、复原和保护中的应用[DB/OL]http://bbs.arting365.er/tid-89878.om/ archivhtml/.

[13] 文化文物遗产保护应用[DB/OL]http://www.xing.com/app/forum op.

[14] 侯荣旭，杨庆林.网络环境下三维虚拟展示技术的应用研究[J].电脑知识与技术，2011,7(27): 6741-6749.

[15] 曾建超，余志和. 虚拟现实的技术与应用[M].北京清华大学出版社，1996.

[16] 刘刚.浅谈虚拟博物馆的技术构成[N].中国文物报，2006,17(08).

第 2 章　海南生物多样性数字博物馆信息化标准

　　海南生物多样性数字博物馆是属于自然类的国有公益性博物馆，由海南师范大学创办并管理。除了具有自然类博物馆共有的特征外，它还具有热带多样性生物物种的独特性，是作为海南省地方社会文化的特殊载体，具有地方管理和文化的特征。同时，由于实体方式的展示已经不能满足社会需求和信息技术的发展，需要充分利用信息技术整合博物馆的文物资源，最大限度地发展社会服务职能，急需开展博物馆信息化建设。

2.1　引　　言

　　目前，数字博物馆信息化的标准规范体系的服务包括博物馆信息化业务管理、服务工作规范和相关基础标准等方面。博物馆的信息化工作围绕着藏品、展示、研究这三项基本工作展开。藏品工作中的资源是馆藏文物、不可移动文物和文物登记账簿，服务对象是博物馆工作人员，包括保管人员、研究人员、陈列人员、行政人员等；展示工作中的资源是陈列设施、相关文物和文献，服务对象是社会大众、普通参观者、业余爱好者和专业研究者；研究工作的资源是相关文物和技术手段，服务对象是普通学习人员、专业人员、政府机构和行政人员等。另外，舒适性控制设备、安全性控制设备和通信控制系统，服务对象是参观人员和工作人员。根据以上三大工作任务以及工作的服务对象，并结合多样性博物馆的自然生物特性，我们建设海南多样性数字博物馆信息化标准的基本思路是以国家现有数字博物馆信息化标准规范为基础，融入地方文化需求和自然生物特性，结合现有最流行的数字技术，制定地方性的数字博物馆标准规范；实现与国家博物馆数字资源的无缝对接，共用共享；更新多媒体技术，以最新的多媒体载体，来提高数字博物馆的数字体验效果；制定可伸缩的信息集成框架，为物联网技术在数字博物馆中的应用做准备。

2.2　博物馆信息化标准体系

2004 年，在首尔举行的国际博物馆协会第 20 届全体大会上，《国际博物馆协会博物馆职业道德》中将博物馆定义为："博物馆是为社会和社会发展服务的非营利的常设机构，对公众开放，为研究、教育和欣赏的目的，收藏、保护、研究、传播和陈列关于人类及人类环境的实物或非实物证据。"2006 年开始实行的《博物馆管理办法》将博物馆定义为："是指收藏、保护、研究、展示人类活动和自然环境的见证物，经过文物行政部门审核、相关行政部门批准许可取得法人资格，向公众开放的非营利性社会服务机构"。这两者没有本质的区别，围绕着博物馆的定义，博物馆开展的工作主要包括以下 3 个面向。

（1）面向观众：展览陈列、服务设施、环境调控、服务规范等。

（2）面向科研：科研分类、工作方式、过程管理、应用管理等。

（3）面向管理：行政管理、环节协调、过程控制、资源建设等。

数字博物馆的标准体系与系统结构，如图 2.1 所示，其包括了信息系统应用、数字化资源和技术平台支撑三个模块，其中，信息系统应用包括了博物馆办公自动化系统、数据管理信息系统、文档资料管理信息系统、资产管理系统、多媒体展示平台和网站资源管理系统等；数字化资源包括了数字化资源的采集、处理与管理；技术平台则包括了用于支撑应用系统和数字化资源的网络平台、数据库平台和数字多媒体采集处理平台等。

在数字博物馆平台中，数字化资源作为系统中的核心部分，其他的模块为满足服务对象的需求目的对数字化资源进行管理。因此，数字博物馆的建设即为数字化资源的建设，其建设的目的即互联互通，相互共享。要达到该目标，需要建设三个层次的标准：博物馆信息化基础标准、博物馆信息化技术标准和博物馆信息化管理标准，如图 2.1 所示。

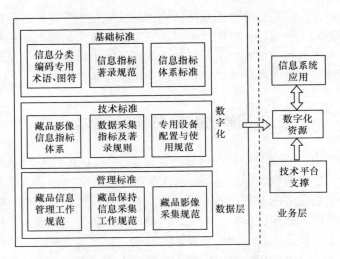

图 2.1 数字博物馆标准体系与系统结构

1. 博物馆信息化基础标准

博物馆信息化基础标准包括了信息分类编码专用术语和图符、信息指标著录规范和信息指标体系标准三个子集，信息分类编码专用术语和图符是通过相关权威文献资料，参照《GB/T 20001.1—2001 标准编写与规则》编制，形成博物馆信息采集通用技术规范专用术语、图符标准；信息指标著录规范是归纳博物馆信息化建设及其应用所涉及到的要素，建立博物馆信息指标著录工作时要遵守的要素和规则，规定元素的内容和属性的具体设置、取值和特征，在元数据规定之下予以具体实施；信息指标体系标准是根据信息系统建设和运维所需要的一系列指标、参数、规范，按照博物馆信息化建设的客观规律，依据整合的基础设施、数据环境、用户、应用、权限和流程的内在联系，形成的有机标准体系。

2. 博物馆信息化技术标准

博物馆信息化技术标准包括了藏品影像信息指标体系、文物数据采集指标项及著录规则和专用信息设备配置与使用标准；其中，藏品影像信息指标体系是充分考虑数字藏品的特点，制定相关的操作指南与采集技术规范指标体系；文物数据采集指标项及著录规则包括《博物馆藏品信息指标体系规范》《馆藏珍贵文物数据采集指标项及著录规则》《博物馆藏品信息指标著录规范》；专用信息设备配置与使用标准是规定设备配置和使用标准，以实现信息资源的规范，能够互通共享。

3．博物馆信息化管理标准

博物馆信息化管理标准包括了文物信息管理工作规范、藏品保存状况信息采集工作规范和藏品影像采集技术规范；其中，文物信息管理工作规范需围绕博物馆信息业务、信息服务和领导决策制定管理规范；藏品保存状况信息采集工作规范是制定博物馆库房、展厅中藏品保存状况的信息采集工作规范，便于监控文物的环境变化、作业程序和保障文物安全；藏品影像采集技术规范是在藏品影像信息指标体系之上的工作规范，规定了藏品影像的采集、处理、传输和保存的统一方法。

2.3　博物馆信息化的国家标准与规范

现有的国家标准与规范如下。

（1）《GB/T 7027—2002 信息分类和编码的基本原则与方法》；

（2）博物馆信息采集通用技术规范专用术语、图符标准：《GB/T 20001.1—2001 标准编写与规则》；

（3）藏品影像信息指标体系：已修订《文物调查项目影像拍摄操作指南》《不可移动文物档案影像拍摄技术规范及指标体系》和《博物馆藏品二维影像技术规范》；

（4）文物数据采集指标项及著录规则：完善《博物馆藏品信息指标体系规范（试行）》《博物馆藏品信息指标著录规范》和《馆藏珍贵文物数据采集指标项及著录规则》；

（5）博物馆智能化系统使用要求：《博物馆智能化系统使用要求》。

博物馆在信息化建设中要统一规范这些信息资源，使得这些信息资源可以互通共享使用。因此，规定其配置和使用标准就是实现信息交换、文物安全必不可少的一项基础性工作，最终是为了实现数据共享、信息交换、提高效率、减少数据冗余、保障文物安全。

2.4　海南数字博物馆采集规范

海南生物多样性数字博物馆的采集规范在 2.3 节中国家标准的基础上，根据多样性博物馆动植物物种资源的特点，建立数字多媒体数据库。因此，本章工作重点为多媒体数据采集标准，分为文本、图像、音视频和图形数据采集的规范。

2.4.1　博物馆藏品数字媒体数据编号与存储

1．目录建立

省直单位以单位全称为存储目录；各地、州、市以本地、州、市名为一级子目录，以本单位全称为二级子目录。各单位收藏文物的数字媒体文件存于单位子目录下，如图 2.2 所示。

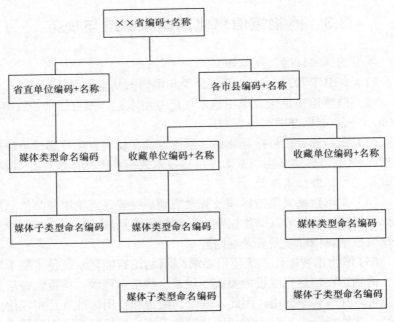

图 2.2　博物馆藏品数字媒体文件的存储目录体系

28

步骤如下：

（1）打开本地磁盘，建立新文件夹，命名为"藏品数字媒体数据"；

（2）在"藏品数字媒体数据"文件夹中分别建立各省直单位文件夹，并用代码标注，如图 2.3 所示。

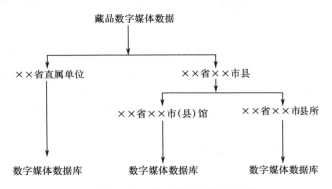

图 2.3　博物馆藏品数字媒体文件的存储目录

2．数字媒体文件的命名规则

（1）单位代码+总登记号+媒体类型+媒体子类型+媒体序号。

（2）各项之间用英文半角"-"分开，各项的顺序要固定，文件名中不能存在任何空格，无论任何原因，文件名中均不得存在中文字符。

（3）单位代码以《文物机构代码表》为准。

（4）总登记号即藏品在总登记账本上的编号。

（5）媒体类型：A 表示图像，B 表示视频，C 表示动画，D 表示3D 模型，E 表示音频。

（6）媒体子类型：

① 图像：A 表示正视图，B 表示俯视图，C 表示侧视图，D 表示全景图，E 表示局部图，K 表示底部图（均采用英文大写字母）；

② 视频：A 表示原始视频，B 表示编辑视频，C 表示增补视频；

③ 动画：A 表示自然图像生成，B 表示假想图像生成；

④ 三维模型：A 表示实物生成，B 表示假想构造；

⑤ 音频：A 表示自然采集，B 表示已编辑。

（7）媒体序号为阿拉伯数字（均采用半角阿拉伯数字）。

例如：10000001-00001-A-1.jpg

2.4.2 博物馆物种对象二维图像技术规范

《海南省生物多样性数字博物馆二维图像技术规范》规定标本与物种资源（下称物种对象）二维图像数值化的技术内容，增加相关的图像数值化方面的一些名词。本规范分为两个部分：二维图像的扫描规范和拍摄规范。

本规范对应于《博物物种对象信息指标体系规范（试行）》2001年版中的《馆物种对象二维图像技术规范》和《国家自然科技资源平台数据上报规范》，本规范结合了以上两大国家规范。使得这两种规范中的内容能够融合互补，产生的数据能够互相兼容以上两大数据库的要求。

1. 二维图像的扫描规范

1）范围

本规范适用于采集博物馆物种对象二维图像的数值化方式。本规范规定了适用博物馆物种对象二维图像采集的方法、设备、环境、技术要求，界定了相关的术语，给出了物种对象二维图像的采集样本。

2）引用及参考的标准

《博物馆物种对象信息指标体系规范（试行）》2001年版《馆物种对象二维图像技术规范》部分《国家自然科技资源平台数据上报规范》、《馆藏文物档案图像采集样本》、台湾大学图书馆《台湾古拓碑》典藏数字化图像制作规范、台湾大学图书馆《淡新档案》典藏数字化图像制作规范。

3）具体要求

馆藏物种对象二维图像的扫描规范适用于采用传统银盐胶片等透射式图像载体和照片、图片等反射式图像载体的扫描加工。

（1）扫描设备：光学分辨率不低于4800×4800的平板扫描仪一台。

（2）扫描规格：

① 按原件尺寸的100%扫描。

② 使用 RGB 真彩色模式的位图表示法。

③ 濒危物种采用光学分辨率600dpi（含）以上，RGB 真彩色模式进行扫描；彩色深度为每像素24 bit。

④ 普通物种采用光学分辨率 300 dpi（含）以上 RGB 真彩色模式进行扫描；彩色深度为每像素 24 bit。

（3）存储规格：

① 濒危物种采用 TIF 格式存储。

② 普通物种采用 JEPG 格式存储，压缩后图像质量为"中"。

（4）扫描工作规范：

① 数据尺寸偏小者，仍必须单件扫描为一幅图像，不能数件合扫于一幅图像之中。

② 扫描时必须涵盖原件外围至少 0.3cm 的范围。

③ 仅在原件尺寸大于 A4 的情况，才能将原件分部分扫描；将数据分为数部分扫描时，各扫描区域边缘必须有 1cm 的重复扫描区。扫描后的每一分段以独立的图像编号命名，拼合后的图像数据给予一个全新的图像编号。如物种对象编号为 100 的原件分为三部分扫描，获得三个图像文件，分别命名为 100-1、100-2、100-3，由三个图像文件拼合而成的完整图像文件命名为 100-4。

（5）扫描数据加工规范：

① 扫描物种对象图像的扫描机应进行过色彩校正，确保扫描图像的色彩忠实于原图像载体。

② 对于获取的数据要根据原件进行修正（纠正歪斜的图像）、去痕（去除图像中由于原稿的问题所留下的污点、霉斑、刮痕等不属于物种对象信息的缺陷，这些缺陷基本上存在于图像背景中，对于反映物种对象信息部分的图像基本不做处理，以避免造成信息误差）。

③ 对于分为多部分扫描的图像数据，在经过上述加工后应进行拼合，每一部分的色调、对比度、明暗度要保持基本一致。

2．二维图像的拍摄规范

1）范围

本规范适用于采集博物馆物种对象二维图像的数值化方式。本规范规定了适用博物馆物种对象二维图像采集的方法、设备、环境、技术要求，界定了相关的术语，给出了物种对象二维图像的采集样本。

2）引用及参考的标准

《博物馆物种对象信息指标体系规范（试行）》2001 年版《馆物种

对象二维图像技术规范》部分《国家自然科技资源平台数据上报规范》、《馆藏文物档案图像采集样本》台湾大学图书馆《台湾古拓碑》典藏数字化图像制作规范台湾大学图书馆《淡新档案》典藏数字化图像制作规范。

3）具体要求

（1）拍摄设备。

物种对象二维图像的拍摄设备至少不低于以下要求：

① 600万像素（含）以上数码单反机身一台（为当前流行像素设备最佳）；

② 具有可以移动和俯仰镜头光轴的中焦距镜头一个（用于校正视差）；

③ 电池两件（原机附带一块，再增配一块）；

④ 闪光灯/三脚架（含云台）/摄影包一套；

⑤ 背景纸/架一套；

⑥ 影室灯一套（不少于三盏，每盏输出功率≥500W，造型灯功率150W；调光范围<全光～1/4级）；有同步触发和闪光触发；含柔光箱），对于需要多段拼合的图像拍摄，建议采用重复性能好、色温稳定的数码闪灯系统。

（2）拍摄环境。

① 物种对象二维图像的拍摄必须有专门的摄影场地，场地宜高大有进深，面积不小于30m²，高度不小于3m，如有条件，面积及高度越大越佳（外景拍摄除外）；

② 特大型物种如鲸鱼、鹿等，选择暗背景拍摄；

③ 场地宜选择阴凉干燥处，适于保护物种对象与摄影设备；

④ 建议采用深浅不同的灰色背景拍摄不同色泽的物种对象。

（3）拍摄规格。

① 物种对象数码图像采用RGB真彩色模式的位图表示法；

② 物种对象数码图像每个原色的灰度等级不低于64级（26）；

③ 物种对象直接数值化采集数码图像时，每帧不小于300万像素。

（4）格式与精度。

① 濒危物种应采用TIF格式，不压缩储存；

② 普通物种可采用 JEPG 格式存储，压缩后图像质量为"中"。

（5）拍摄工作规范

物种对象拍摄工作规范。

① 每件独立编号的立体物种对象必须以主要代表面（如上下左右前后共 6 个面），拍摄全形图像一张，并拍摄代表面各一张。

② 对没有独立编号的有寄生（或依附）状态物种对象必须拍摄组套图像，并加拍依附物体与物种对象的全形图像。

③ 对具有纹理、特征部位、毛发或其他特殊功用的立体物种对象各相应部位进行局部拍摄。对具有不同纹理、部位的各个面都要进行正面拍摄。

④ 对具有连续纹理、特征部位或其他特殊情况的物种对象（如不规则形状的物种对象）每隔 $30°\sim45°$ 拍一张。

⑤ 物种对象如附有文献资料存档的应加拍相关资料的图像（如线描图）。

（6）拍摄技术规范。

物种对象拍摄基本技术规范：

① 主体突出，背景干净。

② 为保证图像信息含量，被摄体应尽量充满画面。

③ 注意视点的选择，减少由于镜头透视产生的视差。

④ 色调准确、层次丰富。

立体物种对象拍摄技术规范：体型纹理特征清晰体态完整，无明显的俯仰变形。

2.5　视频拍摄录制规范及上报规范

物种资源或标本的视频记录片制作工作有：用摄像机拍摄，依据需求简单编辑，转换为网络流媒体，上传到相应的网络平台，复制到硬盘做备份，刻录数据光盘保存（可用 VCD 或 DVD 光盘刻录）。同样，视频录制文件分为两种规格：素材与展示。

为保证视频资源的画面声音质量，视频格式标准，查找精确度和准确度，描述信息清晰详细，能够体现物种的体态与习性特征，并利于资源共享，有利于资源再创造，制订以下工作流程和技术规范。

2.5.1　视频录像拍摄编辑规范

1．视频素材采集的技术标准

（1）彩色视频素材每帧图像颜色数不低于 256 色。

（2）黑白视频素材每帧图像灰度级不低于 128 级。

（3）视频类素材中的音频与视频图像有良好的同步。

（4）音频播放流畅。

（5）上网的视频资源都需要制作成流媒体格式（WMV、ASF、RMVB、RM 或 FLV 格式）。

（6）视频文件命名规范参照二维图像命名规范。

（7）单独欣赏较大视频素材使用 MPEG 格式。

（8）视频采集使用 S-Video 接口，有条件则用 Y、U、V 分量采样模式，采样基准频率为 13.5MHz。尽量不使用复合视频接口采集。

2．音频素材采集的技术要求

（1）数字化音频的采样频率不低于 44.1kHz。

（2）量化位数为 8 位或 16 位。

（3）声道数为双声道。

（4）存储格式为 WAV、MP3、MIDI，或流式媒体音频格式为 WMA、RM。

（5）数字化音频采用 WAV 格式为主。

（6）用于展示的音乐为 MP3 格式。

（7）语音采用标准的普通话（英语及民族语言版本除外）配音。

（8）英语使用标准的美式或英式英语配音，特殊语言学习和材料除外。

（9）音频播放流畅。

3．视频文件的拍摄规范

（1）使用数字摄像机，方便后期编辑制作。使用 DV 磁带记录的，磁带应转过两三分钟空白后再用于拍摄。使用硬盘摄像机进行记录的，应选择画质较高、数据量大的文件格式进行拍摄记录。

（2）拍摄使用三角架，注意调整三脚架的水平，保持图像稳定。

（3）尽量用固定景别拍摄，减少推拉摇移等动作，因为转换为流媒体后，运动镜头的托尾现象会严重。要进行推拉摇移镜头的运动要缓慢变化。

（4）摄像机的机位尽量安置在顺光情况下拍摄。

（5）低照度条件下（如室内），要加辅助光（日光灯等），或者适当补光，以免图像黑暗或有噪点出现。注意物种对象的光照，适当用日光灯或窗外的自然光补光。

（6）使用外接领夹麦克风录音，同步录音音量适中、清晰。注意减少不必要的杂音和环境噪声。拍摄过程中，注意时常用耳机监听声音，或注意摄像机显示屏上的音量指示。

（7）拍摄过程中画面要含有全景、中景、近景，不能只用一种景别拍摄。拍摄过程中要有大全景（包含整个生存环境），要有物种对象的中近景，并配有物种对象的环绕拍摄。

（8）拍摄过程中镜头尽量采用中近景。依据物种对象的体型或活动特征为重点，把摄像机镜头在物种对象周围以 2 倍半径缓慢移动变化。当遇到某个特征部分时，主要拍摄该特征部位的中近景。

（9）注意在拍摄时，请在场人员关闭手机或调成震动。

（10）拍摄后 DV 带上要清楚注明拍摄内容、物种对象、时间日期等。

4．视频文件的编辑要求

（1）后期视频剪辑应简单明了，不使用过多的转场和特效。

（2）配音和配乐要注意音质。配乐的声音大小要注意与画面主声音恰当配合。若有配音，配音人员要用普通话，发音应标准。

（3）按照需求在片头、片尾和中间适当加字幕。

（4）字幕字体简单明了，字幕背景可用明度稍暗的纯蓝色，字幕字体用黑体，黄色，颜色要明亮，字幕可作阴影、镶边等处理。

（5）字幕中除书名号以外，其他标点符号均以空格代替。

（6）注意所用素材的版权问题。

5. 视频文件的压缩采集和转换要求

（1）制作 DVD，用 MPEG-2 标准。码率采用 4M～8M，立体声。

（2）制作 VCD，用 MPEG-1 标准。

（3）制作网络流媒体，用 Windows Media Video 9 以上编码器。数据率为 548kb/s，分辨率为 320×240，帧速率为 30 帧/s、WMV 文件格式。

（4）素材规格视频采集使用数据率为 764 kb/s，分辨率采用自定义 720×576，帧速度为 30 帧/s，音频为 CD 音质、WMV 文件格式进行采集。

（5）其他视频内容如有特殊需求可以提高数据率为 1073kb/s，分辨率为 640×480，帧速度为 30 帧/s，WMV 文件格式。横纵比 4:3。音频采样率 44.1kHz，CD 质量音频。

（6）特殊需求可以制作为 ASF、RMVB、RM 或 FLV 格式。

（7）使用 Osprey 流媒体视频压缩卡，进行采集网络流媒体，或者利用其他软件进行转换。采集的时候，配置使用调音台调整音频电平合适。

（8）要保持颜色还原自然，不能有大片的马赛克出现。字幕清晰易识别。

（9）播放流畅，不能有停顿。

（10）压缩格式与尺寸见表 2.1。

表 2.1　视频文件的压缩格式与尺寸

类　　别	VCD 2.0	DVD	网络流媒体	网络流媒体
压缩格式	MPEG-1	MPEG-2	WMV、RM	WMV、RM
比特率		4Mb/s～8Mb/s	548kb/s	764kb/s
输出尺寸	352×288	720×576 或 720×480	320×240 或 352×288	720×576
横纵比	4:3	4:3 或 16:9	4:3	4:3

2.5.2　VCD、DVD 视频光盘制作规范

（1）VCD、DVD 要有片头、片尾。片头应包含光盘名称、采集者、制作单位、版权信息等。

（2）VCD、DVD 要制作导航菜单，用文字、图片或视频预览提示光盘各小节内容。

（3）VCD 视频文件总大小不得超过 600MB，DVD 视频文件总大小不得超过 4.3GB。

2.5.3　视频录像上报规范

（1）发布系统符合国际标准，如流媒体采用 RTP、RTCP、UDP、MMS、RTSP 及 HTTP 等流媒体协议。

（2）按照网络平台对视频文件上传的规范要求进行上传。

2.5.4　测试要求

（1）颜色自然，画面清晰，不允许有大片的马赛克出现。

（2）字幕清晰，带有阴影、镶边或背景处理，字幕不会与画面颜色重合。

（3）菜单导航设置合理、方便用户使用，跳转无错误。

（4）VCD：DVD 均要在 VCD 机、DVD 机和计算机上做测试，保证光盘能够正常使用。

（5）数据光盘要在计算机上做测试，确保能够浏览。

音频文件和视频文件的内容规格如表 2.2 和表 2.3 所列。

表 2.2　音频文件内容规格

	素材规格	展示规格
格式	WAV、MP3	WAV、RM、MP3
文件命名	平台资源号_a+ "-"（中横线）+序列号（1, 2, 3…）	平台资源号_a+ "-"（中横线）+序列号（1, 2, 3…）
压缩品质	不压缩或高品质	中品质或高品质
文件量	不限	小于 1MB
存储	单位编码\audio 例：\1111C0001\audio\ 1311C0001000000001_a-1.wav	单位编码\audio 例：\1111C0001\audio\ 1311C0001000000001_a-1.wav

表 2.3　视频文件内容规格

	素材规格	展示规格
格式	AVI、MPEG、MOV、WMV、RM	SWF、WMV、RM
文件命名	平台资源号_v+ "-"（中横线）+序列号（1，2，3…）	平台资源号_v+ "-"（中横线）+序列号（1，2，3…）
尺寸	720×576 像素	小于 320×240 像素
压缩品质	不压缩或高品质	中品质或以下
文件量	不限	小于 1MB
存储	单位编码\video 例：\1111C0001\video\ 1311C0001000000001_v-1.avi	单位编码\video 例：\1111C0001\video\ 1311C0001000000001_v-1.wmv

2.6　三维模型数据采集规范

2.6.1　三维扫描系统规格要求

非接触型面式扫描，传感器分辨率不低于 131 万像素，测量误差小于 0.015mm，单幅扫描时间低于 5s，测量空间为：100×75×80～400×300×500 的空间范围。

2.6.2　模型精度要求

（1）平面精度：≤0.03mm，高程精度：≤0.015mm。

（2）局部特征间尺寸精度：≤0.05mm 且小于量测对象间距尺寸的 10%。

（3）多个子块模型拼接时，彼此没有冲突，与实际相符。

（4）每个模型的面数＞5000 面。

（5）每个模型的顶点数＞15000 个。

2.6.3　模型贴图要求

1．纹理格式

数据成果要求是烘焙后的模型，纹理格式：DDS。

2．纹理大小

纹理长、宽均为 2 的 n 次幂像素值。

特征纹理尺寸控制在 1024×1024 以上，共性纹理尺寸控制在512×512 以上。

3．纹理色调

纹理色调统一采用上午 10 点钟有阳光的地物表面的色调，要求纹理清晰，色调均衡、和谐统一，色彩美观、明亮、柔和。3D 模型内容规格如表 2.4 所列。

表 2.4　3D 模型内容规格

	素材规格	展示规格
制作工具	maya	3ds max
模型格式	.mb .ply .off .obj .3ds .wrl	.ply .off .obj .3ds .wrl .max .vrml
文件命名	平台资源号_3d+"-"+序列号（1，2，3…）	平台资源号_3d+"-"（中横线）+序列号（1，2，3…）
模型面数（三角形面）	5000＜模型面数＜10000	3000＜模型面数＜10000
帖图尺寸	≤1024×1024 像素	≤512×512 像素
压缩品质	网格文件：文本形式（可读但文件较大），二进制形式（不可读但文件较小）；纹理文件：可采用和图像文件相同的压缩方式	网格文件：能在规定大小（如 300×300）的窗口中无变形显示的简化模型；纹理文件：和网格文件简化倍数相同的缩小图像
文件量	不限	小于 1MB
贴图格式	jpg	jpg
存储	单位编码\3d 例：\1111C0001\3d\ 1311C0001000000001_3d-1.mb	单位编码\3d 例：\1111C0001\3d\ 1311C0001000000001_3d-1.vrml

参 考 文 献

[1] 国家自然科技资源平台[DB/OL]http:／/www. cugb. edu. cn /ndcpp/ link. htm/.

[2] 约翰・杰斯特龙.生态博物馆的理论和实践[A]. 1997.

[3] 中国贵州六枝梭嘎生态博物馆资料汇编[A]. 1997: 70.

[4] 中国历史文化遗产保护网[DB/OL].http:／/ www. wenbao. net/htm l/why ichan /museum /bwg. htm/.

[5] 国家自然科技资源平台[DB/OL].http:／/ www. cugb. edu. cn /ndcpp/ link. htm/.

[6] 中国大学数字博物馆门户网[DB/OL]. http:／/dmcu. nju. edu. cn /index. htm /.

[7] 海南旅游数字博物馆[DB/OL] .http://www. haihainan. com/.

[8] 海南省博物馆[DB/OL]. http://hnbwg. hinews. cn/index. php.

第3章 基于网络的数字博物馆实现关键技术

3.1 引　言

三维空间的虚拟世界，提供使用者关于视觉、听觉、触觉等感官的模拟，让使用者如同身临其境一般，可以及时、没有限制地观察三维空间内的事物。如基于网络平台的三维产品虚拟展示技术，可以使广大消费者在互联网购物时能像在商场购物一样从不同的角度观察商品，并且可以适当地与之交互操作，实现足不出户的商场购物梦想。

基于 WEB 平台的三维虚拟显示技术是 WEB 3D 数字博物馆实现的关键技术。包括三维采集重建与显示、现代虚拟现实交互、基于内容的多媒体数据检索、多媒体数据加密与数字水印等多项信息领域的新技术。目前，WEB 环境下的虚拟展示技术大致分为两类，一类是基于图像的三维技术，另一类是基于 WEB 3D 的三维技术。

3.2　基于图像的三维虚拟技术

基于图像的三维虚拟技术主要有动画技术和 360° 全景图技术。

三维动画技术是设计师利用三维动画软件在计算机中建立虚拟世界，按照设计师要表现的对象的形状尺寸等建立模型以及场景，再根据展示目的设定模型的运动轨迹、虚拟摄影机的运动和其他动画参数，最后按要求为模型赋上特定的材质，辅以灯光，最后由计算机自动运算后生成画面。

（1）三维动画：三维动画技术是模拟真实物体的工具。主要应用在影视广告制作、电影特效制作，如爆炸、特技、广告产品展示、片头动画等。这种技术以视频文件通过播放器观看，只能根据设计者预先设计制作的路径浏览，用户无法操控功能，更无法参与其中，缺乏互动功能。另外三维动画文件体积较大，不适合网上传输，再者压缩以后严重影响画面质量无法满足要求。

（2）三维 Flash：三维 Flash 则是利用计算机图形学技术，将需要展示的产品先进行逼真的三维模拟运行演示，然后再通过专业软件压缩转换成一个完全适合在网页上流畅运行的 Flash 文件，可以设置功能按钮，各个按钮可对产品操作不同的功能演示操作。三维 Flash 在网页上运行很流畅，无需插件支持。

（3）三维虚拟互动技术：基于图像的三维虚拟展示是指通过多张图像合成三维全景图像的动画技术，国内目前比较典型的应用有"都市圈""E 都市"等电子地图网站。主要通过一张大图的移动和缩放来实现近似三维的效果，没有真正的空间概念，既无法多角度浏览，更无法实现人机交互式漫游，但没有空间概念，无法多角度浏览，更无法实现人机交互式漫游。

（4）360°全景图技术：目前比较流行，它通过在某个固定位置架设相机，并将前、后、左、右、上、下 6 个方向的图片无缝拼接，实现了定点环视的视觉效果，可以在拍摄点多角度浏览，但无法实现人机交互式漫游。上述类似技术门槛较低，容易被竞争对手复制，没有技术独特性。VGS 网络三维互动软件技术研发难度大、研发成本高，短期内无法模仿复制。

三维网页虚拟互动技术通过建立一个虚拟空间来实现人机互动漫游，通过与数据库接口来实现数据的搜索和管理，通过浏览器或客户端来实现三维场景的浏览及互动。

三维互动技术的研发国内起步较晚，目前还处于单机版的技术研发阶段，目前能够直接在互联网运行的只有 VGS。国外与 VGS 的同类技术及产品有 Google Earth, Microsoft Map Live, Intel Shockwave3D, Cult 3D, ViewPoint, Quest 3D, Virtools。

随着 EONTM Studio 3D 技术的发展，可以让使用者通过三维模拟互动快速简单地将生产研发与行销整合在一起，以三维动态的方式与 CAD、Micromedia Director、Shockwave 等多媒体平台相结合成网上信息平台帮助推广。

3.3 三维全景技术

从广义上讲，全景就是视角超过人的正常视角的图像，而我们这里说的全景特指水平视角 360°，垂直视角 180° 的图像。三维全景顾名思义就是给人以三维立体感觉的实景 360° 全方位图像，此图像有三个特点。

（1）全：全方位，全面地展示了 360° 球型范围内的所有景致；通常可在图例中用鼠标左键按住拖动，观看场景的各个方向。

（2）景：实景，真实的场景，三维全景大多是在照片的基础之上拼合得到的图像，最大限度地保留了场景的真实性。

（3）三维：三维立体的效果，虽然照片都是平面的，但是通过软件处理之后得到的三维全景，却能给人以三维立体的空间感觉，使观者犹如身在其中。

三维全景技术是目前迅速发展并逐步流行的一个虚拟现实分支，可广泛应用于网络三维业务，也适用于网络虚拟教学领域。传统三维技术及以 VRML 为代表的网络三维技术都采用计算机生成图像的方式来建立三维模型，而三维全景技术则是利用实景照片建立虚拟环境，按照照片拍摄→数字化→图像拼接→生成场景的模式来完成虚拟现实的创建，更为简单实用。

3.3.1 三维全景概述

三维全景（Three-dimensional Panorama）也称为 360° 全景。它是一种运用数码相机对现有场景进行多角度环视拍摄，然后进行后期拼接来完成的一种三维全景展示技术。全景图可以通过相机环 360° 拍摄的一组或多组照片拼接成一个全景图像，也有通过一次拍摄来实现。

三维全景的生成需要相应的硬件和软件结合。首先需要相机和鱼眼镜头、云台、三角架等硬件来拍摄出鱼眼照片，然后使用全景拼合发布软件把拍摄的鱼眼照片拼合并且发布成可以播放和浏览的格式。

从实现的虚拟效果专业程度来分有柱状全景和球形 360° 全景两种。

1．柱状全景

柱状全景（Cylindrical Panoramic）仅仅是对场景沿着水平方向进行环绕拍摄，然后拼合起来的全景，因此它只能够左右水平移动浏览。

2．球形 360°全景

球形 360°全景（Spherical 360-degree Panoramic）。在拍摄时沿着水平与垂直两个方向进行多角度环视拍摄，经过拼接缝合后可以实现上下与左右方向 360°的全视角展示，观赏者还可以对图像进行放大、缩小等操作。经过深入的编程，还可实现场景中的热点连接、多场景之间虚拟漫游、雷达方位导航等功能。

三维 360°球形全景由于它的真实性、全视角等特点在国际上得到普遍应用。特别是随着网络技术的发展，其优越性更加突出。它改变了传统网络平淡的特点，让人们在网上能够进行 360°全视角观察，而且通过交互操作，可以实现自由浏览，从而体验三维的虚拟现实震撼视觉效果。

3.3.2　三维全景技术的特点

三维全景技术是一种桌面虚拟现实技术，并不是真正意义上的三维图形技术。三维全景技术具有以下几个特点。

（1）三维全景以实地拍摄的摄影图片直接制作，图像画质高，具有很强的真实感；

（2）漫游技术导览性并有一定的交互性，用户可以通过鼠标选择自己的视角，任意放大和缩小，如亲临现场般环视、俯瞰和仰视；

（3）不需要单独下载插件，一个小小的 Java 程序，自动下载后就可以在网上观看全景照片，或者使用 Quick Time 播放器直接观看；

（4）全景图片文件采用先进的图像压缩与还原算法，文件较小，一般只有 100～150kb，利于网络传输和观看；

（5）开发周期短，制作成本低。

3.3.3　360°全景图的实现方法

360°全景图技术是一种仿三维技术，它是通过在某个固定位置架设相机，并将前、后、左、右、上、下 6 个方向的图片通过一段程序代码或专用的播放软件编辑后生成的图像处理技术。浏览者可通过鼠标控制环视的方向，可左、右、近、远等观看物体或场景，实现定点环视的视觉效果。但是所有画面上看得到的都只是几个固定的角度，而无法更自由地旋转，更无法实现人机交互式漫游。目前用于实现该技术的软件有 Quicktime、Java、Flash、VR Toolbox 等都是现在主流的三维虚拟技术。

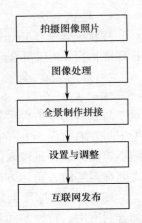

图 3.1 全景技术设计流程

具体设计步骤如下，如图 3.1 所示。

第一步，拍摄图像照片。对于虚拟旅游业、房地产、宾馆、酒店、场景漫游等全景可采用转动相机角度前、后、左、右、上、下全视角拍摄多张照片。而对于电子商务中的普通商品，如服装、鞋帽、家电、工艺品等，在拍摄时以固定相机，转动商品的形式拍摄，且保持被拍物品的中心位置不变，每转动一个角度拍摄一张照片，以便拍出完整有序的实景商品照片。

第二步，图像处理。利用图像处理软件（如 Photoshop、FireWork 等）对照片进行后期加工处理。调整照片的尺寸、亮度、对比度及色相饱和度等。

第三步，全景制作拼接。在 VR Toolbox、Quicktime 等工具中进行全景制作。

第四步，将处理好的图片导入相应全景工具中，然后进行相关的设置及调整。最后在互联网发布进行输出。

3.3.4　三维全景技术的应用领域

三维全景技术是目前发展迅速并流行的一个虚拟现实分支，其广泛应用于网络三维业务中。三维全景技术交互性强，可以提升用户体验，所以用途很广泛，目前已经应用于商业虚拟宣传展示，如利用旅游景点、酒店宾馆、汽车展示、房地产和房地产装修等网上三维虚拟展示来拓展业务。特别是以街景为代表的应用产品，发展前景有着很

44

大的想象空间，代表着三维全景技术将进入发展的黄金期。此外，三维全景技术还应用于科技民生方面，如火星探测、地震灾害领域。

主要应用领域如下。

1．旅游景点虚拟导览展示

三维全景技术旅游景点展示中的应用主要是在网站上提供旅游风景点，名胜古迹的三维全景效果展示，给旅游景区提供了让游客身临其境的展示机会。浏览者轻松单击鼠标，可以360°观看，就像来到现场一样。结合景区导航地图，可以在整个景区漫游，实现边走边看，虚拟旅游。高清晰度全景三维展示景区的优美环境，给观众一个身临其境的体验，结合景区游览图导览，可以让观众自由穿梭于各景点之间，是旅游景区、旅游产品宣传推广的最佳创新手法。虚拟导览展示可以用来制作风景区的介绍光盘、名片光盘、旅游纪念品等。

2．酒店网上三维全景虚拟展示

在互联网订房已经普及的时代，在网站上用全景展示酒店宾馆的各种餐饮和住宿设施，是吸引顾客的好办法。利用网络，远程虚拟浏览宾馆的外形、大厅、客房、会议厅等各项服务场所，展现宾馆舒适的环境，给客户以实在感受，促进客户预定客房。

3．房产三维全景虚拟展示

房产开发销售公司可以利用虚拟全景浏览技术，展示楼盘的外观，房屋的结构，布局，室内设计，置于网络终端，购房者在家中通过网络即可仔细查看房屋的各个方面，提高潜在客户购买欲望。

4．三维全景虚拟展示的街景服务

街景服务是基于三维全景技术的服务，目前国内外已有的街景服务有谷歌街景、微软街景、腾讯的SOSO街景。谷歌地图承载了谷歌的互联网之上的"地理空间网"战略。一张谷歌地图既有城市街道、交通流量、卫星、地形等地理信息，也有餐饮、旅游、医院等生活信息，以及网民创造并共享的图片、视频、评论等内容，在这里用户可以找到丰富多样的信息。它不仅仅是一张可查询地理信息的电子地图，同时也为用户提供各种生活信息的生活助手。

另外，国内的"城市吧、我秀中国"网站也提供国内部分城市的街景服务。据2013年人民网报道，中国覆盖城市最多的实景地图平台"我秀中国"已正式发布上线，包含了100多个城市的数亿张精确到厘米级的街景影像，数据采集里程超过 120 万 km，相当于环绕地球 30 圈，总容量超过 200TB。该平台免费对公众开放，提供实景三维地理信息服务。

5. 汽车三维全景虚拟展示

汽车内景的高质量全景展示，展现汽车内饰和局部细节。汽车外部的全景展示，可以从每个角度观看汽车外观，在网上构建不落幕的车展，制作多媒体光盘发放给客户，让更多的人实现轻松看车、买车。使汽车销售更轻松有效。

6. 虚拟校园三维全景虚拟展示

告别过去单一的图片、文字展示校园环境、设备。让学生像身临其境的感觉一样从大门进入学校，任意参观教学大楼、体育场、校园文化广场、教学设备，了解师资力量。

3.3.5　三维全景实例展示——旅游景区

以墨西哥某一旅游网站为例，简单介绍一下如何在旅游景点介绍中应用三维全景。网页以墨西哥为例，进入介绍墨西哥的界面后，首先看到的是墨西哥国家地图，浏览者可在地图上点击选择自己感兴趣的地区。以墨西哥城为例，点击进入介绍墨西哥城的界面。在对景点的介绍中，除了有文字和大量图片外，最重要的是有景点的三维全景展示。以相机作为标记，当浏览者想观看演示时，点击相机图标即可进入景区游览。

三维全景在网站中应用有两种方式：一种是在网站直接应用此种技术的制作成果；另一种是在网站中提供快速链接。本例采用第二种方式。具体展示方式如下：

（1）以地图形式使用户进入每个景区，如图 3.2 所示。

（2）在地图上点击想观看的景区。在图 3.2 中点击"墨西哥城"，进入"墨西哥城"界面。

在图 3.3 中，在对景区的介绍中，我们在图片和文字介绍的基础上，增加了对景区的三维展示，这样可以使浏览者对旅游区有更全面切实的了解。

在图 3.4 中，点击相机图标，即可进入三维演示，下面是"古老的小城"三维全景展示的一个截图：图 3.4 虽然只是一个截图，但我们依然可以看出它比普通照片更具有立体感、真实感。全景的魅力可窥一斑。

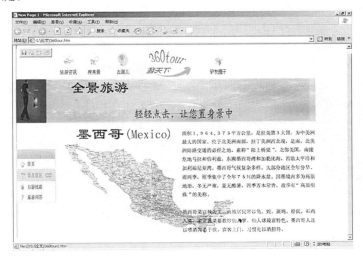

图 3.2　用户以地图形式进入景区

图 3.3　景区文字图片介绍和三维展示入口

图 3.4　景区三维展示截图

3.4　WEB 3D 实现技术

目前基于互联网的 WEB 3D 技术包括 VRML、Viewpoint、Cult3D、Java3D，这些工具基本都是首先借助 3D Max 等三维建模软件建立展品模型，然后导出模型文件，最后在相应的工具中进行装载的技术。WEB 3D 的实现技术，主要分三大部分，即建模技术、显示技术、三维场景中的交互技术。

3.4.1　VRML 简述

网络三维技术的出现最早可追溯到 VRML，VRML（Virtual Reality Modeling Language）即虚拟现实建模语言。VRML 开始于 20 世纪 90 年代初期。1994 年 3 月在日内瓦召开的第一届 WWW 大会上，首次正式提出了 VRML 这个名字。1997 年 12 月 VRML 作为国际标准正式发布，1998 年 1 月正式获得国际标准化组织 ISO 批准，简称 VRML97。VRML 规范支持纹理映射、全景背景、雾、视频、音频、对象运动和碰撞检测等用于建立虚拟世界的所具有的东西。

VRML 是一种用于建立真实世界的场景模型或人们虚构的三维世界的场景建模语言，也具有平台无关性。VRML 的对象称为结点，子结点的集合可以构成复杂的景物。结点可以通过实例得到复用，对它们赋以名字，进行定义后，即可建立动态的 VR（虚拟世界）。为了构建真实精细的 3D 场景，可以采用 3DMax 辅助建模后导出为 VRML 语言，继续用 VRML 语言进行更改完善。

3.4.2　建模技术

三维复杂模型的实时建模与动态显示是虚拟现实技术的基础。目前，三维复杂模型的实时建模与动态显示技术可以分为两类。一是基于几何模型的实时建模与动态显示；二是基于图像的实时建模与动态显示。在众多的 WEB 3D 开发工具中，Cult3D 是采用基于几何模型的实时建模与动态显示的技术，而 APPLE 的 QTVR 则是采用基于图像的三维建模与动态显示技术。

1．基于几何模型的实时建模

基于几何模型的实时建模与动态显示技术在计算机中建立起三维几何模型，一般均用多边形表示。在给定观察点和观察方向以后，使用计算机的硬件功能，实现消隐、光照及投影这一绘制的全过程，从而产生几何模型的图像。这种基于几何模型的建模与实时动态显示技术的主要优点是观察点和观察方向可以随意改变，不受限制，允许人们能够沉浸到仿真建模的环境中，充分发挥想象力，而不是只能从外部去观察建模结果。因此，它基本上能够满足虚拟现实技术的 3I，即"沉浸""交互"和"想象"的要求。基于几何模型的建模软件很多，最常用的就是 3DMax 和 Maya。3DMax 是大多数 Web3D 软件所支持的，可以把它生成的模型导入使用。

2．基于图像的建模技术

基于图像的建模技术自 20 世纪 90 年代，人们就开始考虑如何更方便地获取环境或物体的三维信息。人们希望能够用摄像机对景物拍摄完毕后，自动获得所摄环境或物体的二维增强表象或三维模型，这就是基于现场图像的 VR 建模。在建立三维场景时，选定某一观察点设置摄像机。每旋转一定的角度，便摄入一幅图像，并将其存储在计算机中。在此基础上实现图像的拼接，即将物体空间中同一点在相邻图像中对应的像素点对准。对拼接好的图像实行切割及压缩存储，形成全景图。基于现场图像的虚拟现实建模有广泛的应用前景，它尤其适用于那些难于用几何模型的方法建立真实感模型的自然环境，以及需要真实重现环境原有风貌的应用。相对来说，基于图像的建模技术显然只能是对现实世界模型数据的一个采集，并不能够给 VR 设计者一个充分的、自由想象发挥的空间。

3. 三维扫描成型技术

三维扫描成型技术是用庞大的三维扫描仪来获取实物的三维信息，其优点是准确性高，但这样的扫描设备十分昂贵，对于 VR 的普通用户来说这似乎又遥不可及了。

3.4.3 显示技术

把建立的三维模型描述转换成人们所见到的图像，就是所谓的显示技术。因为在浏览 WEB 3D 文件时，一般都需要给用户安装一个支持 WEB 3D 的浏览器插件，这个对于初级用户来说也是一件麻烦的事情。

但 Java 3D 技术在这方面有很大优势，它不需要安装插件，在客户端用一个 Java 解释包来解释就行了。不过，最近 Microsoft 公司宣布，基于安全的理由，它不再支持 Java，其最新的操作系统 Windows XP 也没有内建 Java 虚拟机，所以如果在 Windows XP 使用 Java 3D 时也必须安装 Java 虚拟机。其他 WEB 3D 软件是必须在客户端安装浏览器插件的。

3.4.4 场景交互技术

网络的关键在于交互，VRML 不同于其他虚拟技术的一大特点就是其有着很好的交互性。WEB 3D 实现的用户和场景之间的交互是相当丰富的，而在交互的场景中，实现用户和用户的交流也将成为可能。交互功能的强弱由 WEB 3D 软件本身决定，但用户可以通过适当的编程来改善软件的不足。

VRML 的交互方法主要分为三类，一类是通过 VRML 内部的 Script 结点与其他高级语言编写的脚本程序、VRML 事件以及各种感应器配合进行交互，这种方法的交互能力有限，只能做一些简单交互，不能提供丰富的交互手段。另一种就是通过利用 Java Applet 调用 EAI（External Authoring Interface）进行交互。还有一种是通过 HTML 语言中的 JavaScript 脚本直接改变 VRML 中节点属性值从而达到交互的目的，这种交互方法适用范围很大，能够设计出丰富的交互界面[3]。

本项目研究主要采用第三种方法，用法方便简单，如下：

设置场景属性：document.CC3D.setNodeEventIn（node, field, value）；

获取场景属性：document.CC3D.getNodeEventOut（node, field）。

3.4.5　WEB 3D 展示流程和工具软件

三维空间的虚拟世界，提供使用者关于视觉、听觉、触觉等感官的模拟，让使用者如同身临其境一般，可以及时、没有限制地观察三度空间内的事物。目前基于互联网的 WEB 3D 技术包括 VRML、Viewpoint、Cult3D、Java3D，这些工具基本都是首先借助 3D max 等三维建模软件建立商品模型，然后导出模型文件，最后在相应的工具中进行装载的技术。

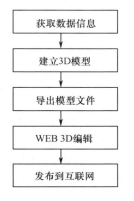

图 3.5　WEB 3D 展示流程

1．WEB 3D 展示

WEB 3D 展示流程，如图 3.5 所示。

2．WEB 3D 技术的工具软件

基于 WEB 3D 技术的工具简述如下。

1）VRML 虚拟现实建模语言

VRML 是一种用于建立真实世界场景模型或人们虚构的三维世

界的场景建模语言，是目前互联网上基于 WWW 的三维互动网站制作的主流语言。VRML 的对象称为节点，通过子节点的集合可以构成复杂的物体。节点可以通过实例得到复用。对它们赋以名字，进行定义后，即可建立动态的虚拟世界。缺点是需要相应的浏览器组件支持。

2）Viewpoint 技术

Viewpoint 技术是 Java 环境下的三维模型，它具有互动功能，可以真实地还原现实中的物体，可以创建照片级真实的三维影像。它使用独有的压缩技术，把复杂的三维信息压缩成很小的数字格式，同时借助插件可以很快地将这些压缩信息解释出来。传送方式与 Flash，QuickTime，Real Media 等流行媒体一样，使用了流式播放方式。

3）Cult 3D 网络技术

Cult 3D 是一种崭新三维网络技术。Cult 3D 由编写三维素材和解读三维素材两部分组成，将最终结果无缝地嵌入到 HTML 中。利用 Cult 三维技术可以制作三维立体产品，可以通过不同的事件和功能来体现互动性，交互能力比较强。采用文件流的形式传输，虽然文件比较小（20～200kb），却有近乎完美的三维质感表现，效果较好，可以旋转、放大、缩小。对于基于互联网的商品展示，Cult 3D 是最好的解决方案之一。同样对于一般的浏览器需要插件支持才能浏览。

4）Java 3D 技术

Java 3D 是建立在Java2基础之上，由于JAVA 语言的简单性使Java 3D 得到了快速推广成为可能。它从高层次为开发者提供了对三维实体的创建、操纵和着色，简化开发工作。同时 Java 3D 的低级 API 是依赖于现有的三维图形系统的，如 Direct 3D、OpenGL、QuickDraw 3D 和 XGL 等，它可以帮助我们生成简单或复杂的形体、贴图、光照、处理判断能力（键盘、鼠标、定时等）、变形生成三维动画，可以编写非常复杂的应用程序，用于各种领域。Java 3D 技术产品通过 JavaBean 封装，可在浏览器上直接浏览，不需要任何插件，非常适合电子商务及虚拟商品展示方面的应用。

以上 Web 上的三维技术对照表，如表 3.1 所列。

表 3.1　WEB 上的三维技术对照表

技　术	实现层次	开发难度	扩展性	最适合应用领域
Java 3D	中层（JVM）	Java（较易）	好	网上三维演示
Viewpoint	底层（显卡）	C++（难）	较好	三维设计软件
VRML	上层（网页）	标记语言（较易）	插件支持（一般）	网上虚拟现实
Cult 3D	底层（操作系统）	C++（较难）	Windows（差）	三维游戏

3.5　基于内容的多媒体信息检索技术

多媒体信息检索技术是一门综合了数字视频/图像处理、语音识别/语言处理、多媒体数据库、模式识别、人工智能等学科计算机应用技术，随着这些学科发展，多媒体信息检索技术会不断成熟完善，对社会信息化产生巨大推动作用。

对多媒体展示信息中的文本数据内容分析与检索技术比较成熟。目前在互联网上搜索引擎均是采用了基于关键词的检索方式，如百度、Google、北大天网、Yahoo 等著名搜索引擎均是采用这种方式，由于数据内容是具有结构化特征，它是可以用一定关系模型来描述。而视频、音频等多媒体信息内容具有非结构化的特性，不容易用关系模型来描述。加上视频、音频是与时间有关系的连续媒体信息，网络中它们是以视频、音频流媒体形式存在，这种对视频、音频流媒体形式的管理与检索已成为实际应用中一个难题，而基于内容分析方法是目前视频、音频检索的主要发展趋势。

3.5.1　基于内容的信息检索概述

基于内容的信息检索（Content-Based Retrieval）是一种新的检索技术，是对多媒体对象的内容及上下文语义环境进行检索，如对图像中的颜色、纹理，或视频中的场景、片断进行分析和特征提取，并基于这些特征进行相似性匹配。基于内容的检索突破了传统的基于文本检索技术的局限，直接对图像、视频、音频、三维模型内容进行分析，抽取特征和语义，利用这些内容特征建立索引并进行检索。在这一检索过程中，它主要以图像处理、模式识别、计算机视觉、图像理解等学科中的一些方法为部分基础技术，是多种技术的合成。为了突破基于内容多媒体检索的特征提取和表述问题，本项目研究各种媒体数据的采集阶段的特征定义，在制定多媒体数据采集标准时引入内容特征信息，大大提高多媒体信息检索的精确度。

1. 基于内容的图像检索

它是根据分析图像的内容，提取其颜色、形状、纹理，以及对象空间关系等信息，建立图像的特征索引。现有的图像检索系统有：

（1）QBIC（Query By Image Content）是 IBM Almaden 研究中心开发的第一个基于内容的商用图像及视频检索系统，它提供了对静止图像及视频信息基于内容的检索手段，其系统结构及所用技术对后来的视频检索有深远的影响；

（2）由 MIT 的媒体实验室开发研制的 Photobook，图像在存储时按人脸、形状或纹理特性自动分类，图像根据类别通过显著语义特征压缩编码；

（3）美国哥伦比亚大学开发的 VisualSEEK 图像查询系统，该系统的主要特点是用到了图像区域的空间关系查询和直接从压缩数据中提取视觉特征；

（4）EXCALIBUR 技术公司开发的 retrieval ware 系统；

（5）Virage 公司开发的 virage 检索系统能；

（6）香港中央图书馆的多媒体信息系统（MMIS）是 IBM 和分包商 ICO 于 1999 年底开始承建 190 万美元的数字图书馆项目，被认为是世界上最大且最复杂的"中文/英文"双语图书馆服务之一，其采用的 DB2 Text 和 Image Extenders 既支持文本查找，也支持图片查找。

2. 基于内容的视频检索

基于内容的视频信息检索是当前多媒体数据库发展的一个重要研究领域，它通过对非结构化的视频数据进行结构化分析和处理，采用视频分割技术，将连续的视频流划分为具有特定语义的视频片段——镜头，作为检索的基本单元，在此基础上进行代表帧（Representative Frame）的提取和动态特征的提取，形成描述镜头的特征索引；依据镜头组织和特征索引，采用视频聚类等方法研究镜头之间的关系，把内容相近的镜头组合起来，逐步缩小检索范围，直至查询到所需的视频数据。其中，视频分割、代表帧和动态特征提取是基于内容的视频检索的关键技术。目前相关的研究方法有：

（1）MPEG-7 标准称为"多媒体内容描述接口"（Multimedia Content Description Inteface），它是一种多媒体内容描述的标准，它定义了描述符、描述语言和描述方案，对多媒体信息进行标准化的描述，实现快速有效的检索；

（2）基于内容的视频检索系统，可进行视频自动发段并从中抽取代表帧，并可按彩色及纹理特征以代表帧描述基于内容的检索；

（3）卡内基·梅隆大学的 informedia 数字视频图书馆系统，结合语音识别、视频分析和文本检索技术，支持 2000h 的视频广播的检索；实现全内容的、基于知识的查询和检索。

3．基于内容的音频检索

基于内容的图像检索要提取颜色、纹理、形状等特征，视频检索要提取关键帧特征，同样要实现基于内容的音频检索，必须从音频数据中提取听觉特征信息。音频特征可以分为：听觉感知特征和听觉非感知特征（物理特性），听觉感知特征包括音量、音调、音强等。在语音识别方面，IBM 的 Via Voice 已趋于成熟，另外剑桥大学的 VMR 系统，以及卡内基梅隆大学的 Informedia 都是很出色的音频处理系统。在基于内容的音频信息检索方面，美国的 Muscle fish 公司推出了较为完整的原型系统，对音频的检索和分类有较高的准确率。

基于内容的多媒体检索是一个新兴的研究领域，国内外都处于研究、探索阶段。目前仍存在着诸如算法处理速度慢、漏检误检率高、检索效果无评价标准、支持多种检索手段缺少等问题。但随着多媒体内容的增多和存储技术的提高，对基于内容的多媒体检索的需求将更加上升。

3.5.2 多媒体信息检索工作流程

多媒体展示信息检索主要工作流程分为三个阶段：内容获取、内容描述、内容操作。即先对原始媒体进行处理，提取内容，然后用标准形式对它们进行描述，来支持用户对内容的操作。

1．内容获取

内容获取是通过各种内容分析和处理而获得媒体内容的过程，它包括信息分割、特征提取两个部分。信息分割分成图像分割与视频分割。内容获取核心是特征提取。特征提取就是提取内容显著的特征和人的视觉、听觉方面的感知特征来表示媒体和媒体对象的性质，特征提取有自动特征提取和人工交互或提取两种方式。

2．内容描述

内容描述就是描述在以上过程中获取的内容，内容描述是 MPEG-7 标准中的内容，它可以用来描述越来越多的不可预知的信息。

目前，解决多媒体信息内容描述问题主要是采用基于内容分析视频处理与检索方法，这种方法是近年来随着多媒体数据处理技术的发展而提出。基于内容分析的方法是从另一个角度来认识多媒体信息，从早期基本颜色检索，到综合利用多种多媒体特征进行检索。如颜色、纹理、形状、场景、镜头、帧等特征信息。目前该技术已经发展到实用阶段，其中多媒体内容描述接口 MPEG-7 是目前被广泛接受的一种国际标准，其核心就是基于多媒体内容分析。

MPEG 序列媒体标准是目前最为广泛应用的视/音频媒体标准，目前广泛应用的主要有 MPEG-1、MPEG-2、MPEG-4 等，它们都是对数字运动图像及伴音编码进行压缩的一种国际标准，其中 MPEG-4 采用按照具有一定时间关系和空间关系的对象来进行视/音频编码的处理方式。而 MPEG-7 是用来对多媒体信息进行不同程序描述的方法和工具，它是在 MPEG-4 基础上发展起来的，MPEG-7 描述符只与多媒体内容相关，并不依赖于多媒体内容的编码或存储方式，所以它可以独立于各个厂商的平台，它方便了多媒体内容分布处理与内容的交换调用。

MPEG-7 国际专家组制定的多媒体内容描述主要是采用了描述符和描述方案来分别描述媒体的特征及其关系。描述符就是对实体特征描述表示方法，描述方案是说明描述符的结构和相互关系。描述定义语言 DDL 是规定了描述方案的语言，它允许对现有的描述方案进行修改和扩展。

3．内容操作

内容操作是对内容用户操作和应用，因为用户对内容有着不同的需求。查询多用于数据库操作，检索只是在索引支持下快速获取信息的方式，搜索是用户通过搜索引擎在互联网中搜寻自己所需的信息，浏览是用户通过浏览操作,线性或非线性地存取结构化与非结构化(超媒体）内容。

3.5.3 元数据技术与 MPEG-7 格式标准

为了解决对多媒体中视/音频数据内容描述提出了"元数据"的概念，所谓元数据就是用来描述数据特性的数据。多媒体数据特性的描述不是对图像和声音波形进行简单的采样，而是获取它们的物理特征和时间信息，这些数据就是元数据。如视频可用幕、场景、镜头、帧等特征信息来描述。元数据技术的出现使得对多媒体内容及特征的管理与检索成为可能，MPEG-7 就是采用了元数据技术的多媒体内容描述结构标准，通过 MPEG-7 格式定义的多媒体展示信息让用户可以高效率地搜索、过滤、定义自己所需要的视/音频资料。

目前国际 MPEG 组织在 MPEG-7 标准中定义五种内容信息：

（1）创建和生产：视/音频制作的基本信息，如电视片头、导演、曲作者等；

（2）媒体：定义资料存储的方法，如视/音频是否经过压缩、编码方式、储存媒介等；

（3）使用：定义资料使用的方式，如电视教学片版权单位，播放时间；

（4）结构方面：对电视片中出现的某种物品、颜色或者是音乐中某一片段旋律的描述；

（5）概念方面：定义了资料中各种控制的链接或交互。

通过以上五种内容定义可以看出 MPEG-7 只是定义了对多媒体信息不同程度描述的方法，并没有规定怎样利用内容描述进行搜索的具体程序和工具，MPEG-7 对多媒体内容描述的特征可以夹带在MPEG-1、MPEG-2、MPEG-4 等格式视/音频资料中使用，也可以独立使用。MPEG-7 本身虽然没有直接对文本信息进行描述，但它考虑到现有文本信息描述方法，支持它们之间即描述/视音频信息和描述文本信息之间的接口。

在当前数字博物院展示过程中，对网络多媒体展示信息组织管理可以通过多媒体内容分析技术提取多媒体内容元数据，保证了媒体内容元数据库及其元数据格式遵循 MPEG-7 标准，为网络数字博物院资源共享和交流奠定了良好的基础。目前 MPEG-7 应用较为广泛，在广播电视媒体、多媒体编辑制作、导游、娱乐、新闻、地理信息、建筑等领域有着广泛应用潜力。

3.6　三维模型检索技术概述

1．三维模型检索框架

图 3.6 为一个典型的三维模型检索框架，包括离线特征提取模块和在线特征匹配模块两个部分。离线特征提取要全面分析模型的特征向量，并建立完备的特征库，在特征库中寻找匹配的特征向量，建立合理的索引结构。用户输入查询请求时，系统要从匹配模型库中寻找相应的模型，通常采用相似距离计算准则进行模型匹配，并按照从大到小的次序排列相似距离的计算结果，根据用户的需求返回相匹配的模型。

三维检索系统主要由特征提取、相似性度量、查询接口和结果反馈与性能评价这几个部分组成。

（1）特征提取。三维模型的特征是区别和划分不同三维模型最简单方便的手段。模型的几何属性和外观属性是描述三维模型最主要的属性。几何属性包括顶点坐标、方向向量和拓扑连接。顶点颜色和纹理等是外观属性。三维模型检索领域首先要合理地描述三维模型。准确提取特征点是问题的关键。由于通常没有适合自动匹配的高级语义特性，这为三维模型的描述增添了更多困难。

（2）相似性度量。相似度是用于判别三维模型间是否匹配的关键因素和指标，是三维模型检索的关键问题。要合理设置度量方法和参数，寻求运算速度和精确性间的平衡，尽量保证算法的高效和准确。

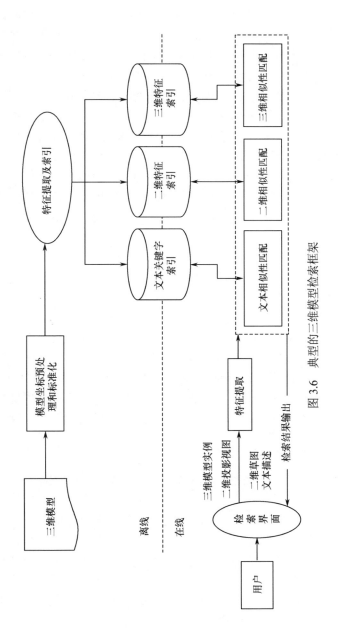

图 3.6 典型的三维模型检索框架

（3）查询接口的设计。系统的检索性能还受查询接口的影响。应该将多种搜索方法相结合，提供多种检索手段。如传统的基于文本关键字的搜索方法；三维模型的搜索手段。此外，还可以将二维搜索和三维模型搜索结合起来，将二维图像的投影图作为三维建模的检索因素，提供功能完善、性能优良的检索功能。

（4）结果反馈及性能评价。检索系统是用于帮助用户查询出满足用户检索需求的系统，要具有搜索结果准确和快速的特点。此外，有效的反馈工作在一定程度上能够综合评价系统的性能指标，有利于系统的完善和发展。查全率和查准率是判断三维模型检索性能的最主要的指标，此外，时间和资源消费也能在一定程度上检测其性能。可以根据反馈结果建立近似度模型，用于二次搜索甚至多次检索，用于提高系统的准确性。

2. 三维模型预处理

三维模型是由多种属性共同构成的，其尺度、方位和旋转角度都不尽相同。属性和参数的多样性为检索的精准带来了困难。为此，通常要对模型进行预处理的操作，标准化方向、位置和角度等属性，将三维模型变换到统一的坐标尺度下。模型标准化就是将三维模型统一到一个标准坐标尺度下的过程。通常采用平移变换的方法将模型的重心移动到坐标原点，保证模型不会发生形变；采用 PCA（Principal Component Analysis）的方法进行模型的旋转，确保模型旋转的角度和方向是准确的；采用统一的缩放尺度进行模型的缩放，确保模型按比例进行缩放。

3.7 数字水印和水印嵌入加密技术

数字水印技术是近年来对声像数据进行安全保护方面研究的一个热点问题。将作品序列号、公司标志等水印信息嵌入到媒体中，当媒体信息在网络传输中被非法拦截者获得后，用户可以通过水印信息证明媒体的所有者、真伪性以及完整性。

项目研究一种适用于数字生态博物馆中文物数据特点的增强型水印方案，即构造水印序列和嵌入网格位置加入密码技术，以提高数字文物的安全性。

该方案具有以下几点特点：

（1）水印信息的不可见性：在二维和三维图像中加入水印信息后仍能保持图像数据的原始质量。

（2）水印算法的健壮性：在水印序列加入到载体图像之前，进行密码技术扰乱，并在三维模型中，利用三维网格嵌入方式，提高水印的健壮性，使得提取算法能在受损媒体数据中恢复出水印信息。

（3）提取水印信息的可读性：数字生态博物馆水印系统能随时检测出媒体数据的所有者，可直观地看到有意义的水印信息。

（4）嵌入水印的批量处理功能：数字生态博物馆文物库数量比较大，水印系统嵌入水印时必须具备自动批量处理的能力，综合考虑提取效果和时间效率。

经过市场的初步反馈及前期市场调研，我们认为：这些新技术集成可以从构建国内首个"海南三维互动数字生态博物馆"平台为市场切入点，通过一至两年的市场运营，初步形成网上电子商务的三维互动模式。在此基础上拓展为"海南生态资源虚拟数字城市"平台，全面实现海南生态信息的三维可视化。

参 考 文 献

[1] 李统乾，刘凤荣. 网络三维交互技术（Web3D）技术概述[J]. 科技信息，2010, 47(3): 549-560.

[2] 黄建萍. 三维数字技术在博物馆网站中的应用[J]. 数字技术与应用，2011(9).

[3] 胡军强，谈国新，郭士. 三峡文物考古数字化展示技术及应用研究[J]. 数字技术与应用，2008, 20:441-447.

[4] 潘荣江. 计算机辅助文物复原中的若干问题研究[D]. 济南：山东大学，2005.

[5] 董浩明，陈建国，叶俭建，等. 虚拟现实建模方法研究. 湖北工业大学学报. 2005, 20(3).

[6] 李荣辉. 三维建模技术在虚拟现实中的应用研究[D]. 大庆：大庆石油学院，2007.

[7] 三维全景制作软件[DB/OL]. http://www. jietusoft. com.

[8] 三维全景案列[DB/OL]. http://www. 3wss. com/html/2012/lvyouyule_1212/78. html.

[9] 陈宇玲，向卓元. 基于 web3d 智能交互技术应用研究[J]. 人工智能与识别，2012, 8(21):5172-5173.

[10] 刘宜金，王汝传，张颖. 虚拟现实技术及其在电子商务中的应用[J]. 微型机与应用，2002(6):

47-48.

[11] 尚游，陈岩涛. OpenGL 图形程序设计指南[M]. 北京：中国水利水电出版社，2001.

[12] 徐晓华. 网络环境下数字商品三维虚拟展示技术分析平[J]. 计算机工程应用技术，2009，5(34):9861-9862.

[13] 袁世忠，王晓伟. 利用 ActiveX 开发交互式 Web 页面[J]. 上海大学学报：自然科学版，1997.

[14] 刘贤梅. 三维动画技术与三维虚拟技术的研究[J]. 计算机仿真，2004, 21(9).

[15] 李国辉. 基于内容的多媒体信息存取技术[J]. 计算机世界，2000，6.

[16] 罗斯青. MPEG-7 与多媒体信息检索[J]. 电视技术，2002，5.

[17] 肖明. 基于内容的多媒体信息索引与检索概论[M]. 北京：人民邮电出版社，2009.

[18] 庄越挺，潘云鹤，吴飞. 网上多媒体信息分析与检索［M］. 北京：清华大学出版社，2002，42-43.

[19] 黄元元. 基于视觉特征的图像检索技术研究［D］. 南京：南京理工大学，2003.

[20] Sun J D, Zhang X M, Cui J T, et al. Image Retrieval Based on Color Distribution Entropy［J］. Pattern Recognition Letters, 2005.

[21] Zhang C, Chen T. An active learning framework for content based information retrieval [C]// IEEE Transactions on Multimedia Special Issue on Multimedia Database , 2002, 4(2): 260-280.

[22] FunkHouser T, Min P, Kazhdan P, et al. A search engine for 3D models [C]// ACM Transactions on Graphics, 2003 ,22(1) :83-105.

[23] Cyr C,Kimia B. 3D object recognition using shape similariy based aspect graph [C]// In: Proceedings of IEEE International Conference on Computer Vision, Vabcouver, Canada. 2001: 254-261

[24] Vranic D V, Saupe D. An Improvement Of Rotation Invariant 3D-Shape Descriptor Based on Functions on Concentric Spheres In IEEE International Conference on Image Processing(ICIP 2003), volume 3. 2003, 9: 757-760.

[25] Saupe, Vranic. 3D Model Retrieval with Spherical Harmonics and Moments. The Deutsche Arbeitsgemeinschaft Mustererkennung, 2001:392-397.

[26] Vranic, Saupe. A Feature Vector Approach for Retrieval of 3D Objects in the Context of MPEG-7. Virtual Environments and Three-Dimensional Imaging, Greece, 2001: 37-40.

[27] Chen, Ouhyoung. A 3D Model Alignment and Retrieval System. International Computer Symposium, Workshop on Multimedia Technologies, 2002: 1436-1443.

[28] Chen, Chen. Retrieval of 3D Protein Structure. International Conference on Information Processing, 2002: 34-43.

[29] 刘玉杰. 基于形状的三维模型检索若干关键技术研究[D]. 北京：中国科学院研究生院，2006.

[30] 马彦平. 三维模型检索与反馈系统研究[D]. 杭州浙江大学，2007.

第4章　基于图像的三维图像重构与建模方法

4.1　引　言

近年来，随着计算机软硬件技术的不断发展，大规模复杂场景的实时绘制已经成为可能，这反过来又对模型的复杂度和真实感提出了新的要求。传统的三维建模工具虽然日益改进，但构建稍显复杂的三维模型依旧是一件非常耗时费力的工作。考虑到我们要构建的很多三维模型都能在现实世界中找到或加以塑造，因此三维扫描技术和基于图像建模技术就成了人们心目中理想的建模方式；又由于前者一般只能获取景物的几何信息，而后者为生成具有照片级真实感的合成图像提供了一种自然的方式，因此它迅速成为目前计算机图形学领域中的研究热点。

基于图像的建模是计算机视觉与计算机图形学领域的研究热点，它使用一组采样图像来建立虚拟现实环境的模型，研究如何从现实世界的二维图像直接和快速地获取三维模型。近年来，基于图像的三维建模技术实现成本低、操作简单、效果更加逼真等优势，逐渐受到广大研究者的重视，相关研究成果也被广泛应用于博物馆文物数字保护、智能人机交互、数字特效制作和实时监控等领域。

4.2　传统的几何建模技术

三维模型获取是计算机视觉和计算机图形学领域的一个基本研究问题。传统的三维建模主要使用基于"几何造型"（Geometry-Based Modeling，GBM）的建模方法，由专业美术人员利用三维建模软件构造出物体的三维模型。市面上流行着很多优秀建模软件，比较知名的有 3DsMAX，Maya 以及 AutoCAD 等。他们共同的特点都是利用一些基本的几何元素，例如立方体，球等，通过一系列几何操作构造复杂的模型。但这种方式的缺点在于人们必须充分掌握场景数据，如场景的物体大小位置等。另外，这些软件的操作比较复杂，三维建模周期长，建模成本较高，且建模过程极大地依赖于建模人员的专业知识与经验，建模精度无法保证，若构造不规则的物体，真实感不强。

4.3 基于图像的建模技术

通常我们所说的基于图像建模是指利用图像来恢复出物体的几何模型，这里的图像包括真实照片、绘制图像、视频图像以及深度图像等。而广义的基于图像建模技术还包括从图像中恢复出物体的视觉外观、光照条件以及运动学特性等多种属性，其中的视觉外观包括表面纹理和反射属性等决定模型视觉效果的因素。与基于图像建模技术密切相关的是基于图像的绘制技术，由于基于图像绘制技术可以在没有任何三维几何信息或少量几何信息的情况下，仅基于若干幅原始图像绘制出三维场景的新视点图像。因此，基于图像绘制技术可以表现用传统方法尚无法建模的高度复杂场景，但它通常需要对场景做大量的采样，而且无法实现对场景的编辑。

由于真实的二维图像中蕴含着物体丰富的线索信息，从中恢复三维模型信息并进行可视化具有效果逼真、建模高效的优点。自 20 世纪 90 年代，人们就开始研究如何更方便、高效地获取环境或物体的三维信息。基于图像的建模（Image-Based Modeling，IBM）研究由单一图像、图像序列或视频中，通过自动或交互的方式，恢复出物体、场景三维模型的方法。该建模方法具备低成本、灵活和直接获取彩色纹理等特点，能够快速、逼真地重建出场景的三维模型。

基于图像的建模解决的核心问题是基于图像的几何建模问题，它研究如何从图像中恢复出物体或场景的三维几何信息，并构建其几何模型表示，以进行三维渲染与编辑。根据图像采集时对光源是否进行主动控制，基于图像的几何建模可以分为主动法与被动法两种。其中，主动法以使用三维扫描仪的方法为代表，被动法是基于二维图像的三维重建方法。而本课题的研究也主要集中在基于图像的被动法的几何建模技术研究。

1. 主动法

主动法通过主动控制光源的光照方式，分析光线投射在物体表面上所形成的不同模式，得到物体的三维模型。如激光扫描法、结构光法、阴影法等。这种方法的优势是可以得到物体精确的表面细节特征。但不足之处是其成本很高，操作不便，还需要进行复杂的后期处理。并且，由于这种方式通常需要使用较强的光源，对于被重建物体会造成一定损害，限制了其应用范围。

2. 被动法

被动法并不直接控制光源,而通过被动地分析二维图像中各种特征信息，逆向地重建出物体的三维模型，这种方法对光照要求不高，成本较低，操作简单。由于主动法技术比较成熟，而近年来国际上的研究工作主要集中在被动法。如使用轮廓的三维建模方法，将物体所在的三维空间离散化成体素，并使用正向试探，剔除投影在轮廓区域外的体素，从而得到物体的三维模型。基于亮度的建模通过分析物体多个视角下图像中亮度特征的一致性关系，恢复出其表面的深度信息，并得到其三维几何模型。基于运动的建模通过在 2 幅或多幅未定标图像中检测匹配的特征点集，使用数值方法，同时恢复出相机运动参数与场景几何，并得到物体三维模型。基于明暗度的建模通过分析图像中的明暗信息,运用反射光照模型,恢复出物体表面的法向信息,从而得到其三维几何模型。基于纹理的建模通过分析单张图像中物体表面重复纹理单元的大小、形状，恢复出物体的法向、深度等信息，并得到三维几何模型。

4.4　生态资源三维图像数据重构与建模方法

本课题立足于海南独特丰富的生态资源图像数据特性分析，基于图像几何建模和计算机视觉技术，在采集单幅图像、图像预处理、分形特性分析、三维数据几何建模、三维模型存储处理与可视化等五个方面展开深入研究。

研究过程流程与技术框架，如图 4.1 所示。

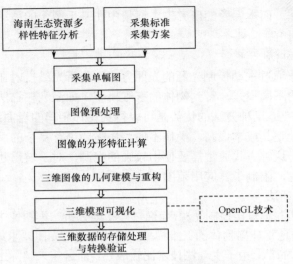

图 4.1　三维图像重构与三维建模过程

4.4.1　海南生态资源数据特性分析

海南生态资源具有生物多样性特征,首先按照物种分类特征,研究其三维模型形状特征描述。并参照国际最新的多媒体编码标准 JPEG2000、H.264,结合现有的图像采集、三维重构技术与可视化方法,提出"海南生物多样性博物馆"数字化的藏品数字信息的采集标准与采集方案,以及海南 3DWeb 数字生态博物馆中藏品数字信息的建模标准。关于《海南生物多样性数字博物馆信息化标准》部分内容详见本书第 2 章的介绍。

4.4.2　采集单幅二维图像

采集高分辨率的海南生态资源二维图像,对二维图像进行结构及基本特征分析,并定义总结出"生态资源媒体"的物质组成的主要形态特征。其采集过程如图 4.2 所示。

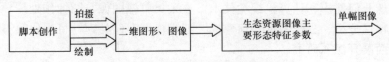

图 4.2　二维图像的采集过程

采集海南生态资源二维图像：根据计算机视觉理论，图像是真实物体或场景在一定的光照环境作用下，通过相机镜头的光学投射变换得到的结果。图像中包含了大量的视觉线索信息，如轮廓、亮度、明暗度、纹理、特征点、清晰度等。用摄像机对景物拍摄完毕后，将自动获得所摄环境或物体的二维增强表象或三维模型，这就是基于现场图像（Image-Based）的建模技术。在建立三维场景时，选定某一观察点设置摄像机。每旋转一定的角度，便摄入一幅图像，并将其存储在计算机中。在此基础上实现图像的拼接，对拼接好的图像实行切割及压缩存储，形成全景图。

4.4.3　图像预处理

图像预处理的主要方法有：图像平滑、图像增强及图像格式转换等。图像增强是指以消弱噪声来提高图像的清晰度。本研究采用图像平滑技术（Image Smoothing）对二维图像进行消除噪声、灰度增强、二值化等预处理，以提高二维图像的质量，得到便于识别与处理的图像。具体预处理的过程，如图 4.3 所示。

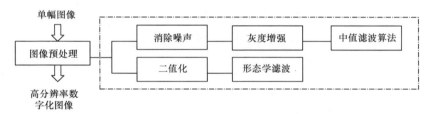

图 4.3　二维图像的预处理过程

课题从数字图像增强处理的基本算法出发，研究图像增强中的平滑处理算法，包括邻域平均法、中值滤波法以及自适应滤波方法，并实现改进中值滤波算法，同时确保在滤除图像噪声的情况下不降低图像细节。

4.4.4　图像的分形特征计算

N. Sarkar 和 B. B.Chaudhuri 在分析众多分维数提取算法的基础上，提出一种简单、快速的，被称为差分盒维数法（Differential Box Counting，DBC）的计算图像分维数的方法。其基本思想如下：对于灰度图像而言，将 $M \times M$ 大小的图像分割成 $L \times L$ 的子块，令 $r = L/M$，把二维图像视为一个三维空间中的一个表面 $((x, y, f(x, y)))$，其中 $f(x, y)$ 为图像 (x, y) 位置处的灰度值，XY 平面被分割成许多 $L \times L$ 的网格。在每个网格上，是一列 $L \times L \times h$ 的盒子，h 为单个盒子的高度。于是图像灰度的变化情况将反映在该表面的粗糙程度上，使用不同尺度去度量该表面，得到的维数就是图像的分形维数。

本课题关于二维灰度图像的分形特征计算，采用改进的差分盒图像分割算法。算法流程如图 4.4 所示。

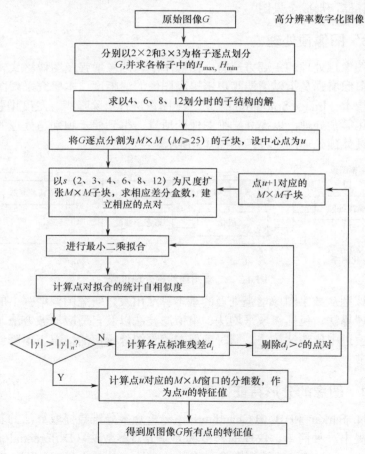

图 4.4 改进的差分盒图像分割算法流程图

4.4.5 三维图像的几何建模与重构

基于单幅灰度图像的三维表面重构方法和图像拼接融合，重构"生态资源媒体"的三维几何模型，并确保重构的三维图像具有和二维图像一致的几何特性。三维图像重构与建模过程如图 4.5 所示。

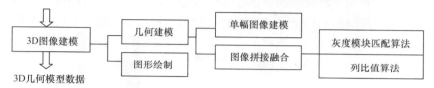

图 4.5 三维图像重构与建模方法示意图

1. 基于单幅灰度图像的三维表面重构方法

基于 SFS 恢复三维表面重构方法：明暗恢复形状（SFS）的方法，只需要单幅图像的灰度信息就可恢复景物三维表面形状。目前现有 SFS 算法、最小化方法、演化方法、局部方法和线性化方法。本项目通过对传统 SFS 方法及其光照模型的研究，增加方程的约束条件，并综合方程组求解、非线性最小二乘原理和曲面拟合等知识，降低 SFS 方法的使用条件，提高三维恢复的精度。

课题在上述理论研究的基础上，基于 Windows 操作平台，以 Visual C++6.0 和 Matlab7.0 为开发工具，设计并开发一个基于二维图像灰度信息的三维曲面重构软件。

如以下面球体灰度图像（161 像素×161 像素）为例，进行三维重构并显示，结果如图 4.6 所示。其中图 4.6（a）为预处理后的玩具小鸭的灰度图像，图 4.6（b）为由 OpenGL 所建立的三维模型，该模型具有旋转、平移、缩放等功能；图 4.6（c）为旋转后的模型；图 4.6（d）为放大后的模型。

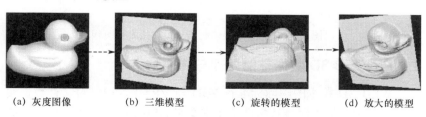

(a) 灰度图像　　　(b) 三维模型　　　(c) 旋转的模型　　　(d) 放大的模型

图 4.6 灰度图像的三维重构及显示

2．图像拼接融合

图像拼接的核心工作就是研究如何准确地求得两幅图像中相似程度最高的像素点坐标，现在常用的做法主要有基于区域（块）的方法、基于特征点的方法、基于相位的方法等。课题主要对基于区域的拼接技术和基于特征点的拼接技术进行研究，在结合现有的经典灰度模板匹配算法和列比值算法的基础上给出一种基于二维分形特征图像拼接算法，有效地找到图像的重叠部分，提高了图像拼接的精度和计算速度，使图像达到了平滑无缝的缝合。

4.4.6 数字媒体制作与三维模型可视化

利用 OpenGL 计算机图形和模型的工业标准，构造出高质量的静止"生态资源媒体"几何模型和动态图像，同时实现对模型的实时交互操作过程。利用 OpenGL 技术对构建的三维几何模型数据进行显示，以达到真实、生动、实时交互的效果。生态数字媒体具体制作与可视化过程如图 4.7 所示。

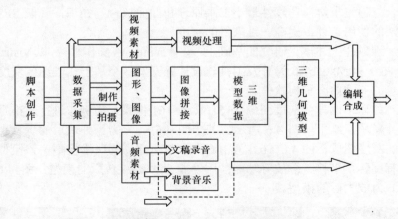

图 4.7 生态数字媒体制作与可视化流程图

4.4.7 WEB 3D 数据存储处理与转换

WEB 3D 技术的国际标准有 X3D 与 VRML，通过对文件数据实验的研究和分析表明，其文件实质本身是 ASIIC 码的文本文件，扩展名为.wrl。因此,可以把每一个由生态物种生成的三维文件看成一个整体数据集合,将其作为关系型数据库中的一条数据记录进行存储,可以解决有关生态物种的 WEB 3D 数据存储问题。

既然 VRML 数据的实质是 ASIIC 码的文本文件,所以只要把每一个文件当成一个"大对象"数据的集合进行处理,就能实现数据的存储,而所谓的"大对象"数据是指数据本身是一个整体且它的 byte 值相对一般数据较高,如图片、视频、声音、大文本或大二进制文件等。在 SQL Server 2000 数据库中,实现存储"大对象"数据字段类型有 ntext、text 和 image。其中 text 字段类型数据最大长度可以达到 2G,对于处理一般网络三维几何模型数据空间是足够的。其中生态物种 Web3D 数据存储处理转换过程,如图 4.8 所示。

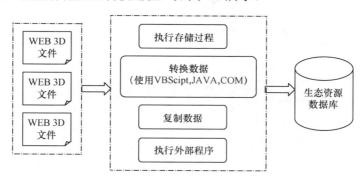

图 4.8   WEB 3D 几何模型数据存储处理转换过程

4.5   数字展区的三维全景漫游制作

三维全景虚拟现实是基于全景图像的真实场景虚拟现实技术。全景是把相机环 360° 拍摄的一组或多组照片拼接成一个全景图像,通过计算机技术实现全方位互动式观看的真实场景还原展示方式。在播放插件(通常 Java 或 QuickTime、Activex、Flash)的支持下,使用鼠标控制环视的方向,可左可右可近可远,浏览者有身临其境的感觉。

针对海南当前生态资源网站建设的现状与问题,本课题提出了对海南生态数字博物馆中植物展区实现三维全景漫游构建,以 360° 全景图的方式再现植物展区的三维场景，浏览者在浏览器上可以实现虚拟场景的漫游，使网站具有很好的交互性和真实感，将大大提高海南特有的热带植物知名度和网站资源共享率。

三维全景漫游是指在由全景图像构建的全景空间里进行切换，达到浏览各个不同场景的目的。三维全景漫游系统的实现需要相应的硬件和软件的结合。首先需要相机和鱼眼镜头、云台、三角架等硬件来拍摄出鱼眼照片，然后使用全景拼接软件把拍摄的照片拼合，发布可以播放和浏览的格式文件。

具体制作过程和技术路线，其中，制作技术中有主要的三个关键点，如图 4.9 所示。

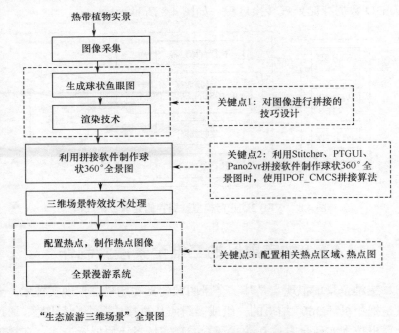

图 4.9　系统总体研究思路和技术路线

360° 全景制作步骤如下：

1）拍摄鱼眼图

配置 4 个制作全景的硬件设备：单反相机+鱼眼镜头+全景云台+

三角架，拍摄 6 张或更多的鱼眼图来制作 360°实景。

（1）鱼眼镜头：是一种超广角镜头，可以覆盖超过 180°的视角范围。使用鱼眼镜头仅需拍摄 2～4 张鱼眼图即可制作一张 360°的全景图。

（2）全景云台：是专门为拍摄全景而用的云台，安装在三角架上用来承载相机等拍摄设备。全景云台不同于普通云台，其关键作用是将镜头节点保持在云台的旋转轴心上，这样就可以保证在旋转相机拍摄的时候每张鱼眼图都是在一个点上拍摄，制作得到的全景图就会很完美。

（3）节点：就是镜头中光线会聚的一点，光线由此处发散投射到成像面。如果我们能保证镜头节点位置不变，也就能保证镜头是在同一点进行拍摄。这对全景制作有着重要的影响，也只有在同一点进行拍摄时才能保证全景制作的完美。

2）导入造景师软件中拼合

造景师是一款行业领先的虚拟现实制作工具，仅需花费 2～5min 即可轻松拼合一幅高质量的 360°球形或柱形全景图，主要用于房产楼盘、旅游景点、宾馆酒店、校园风光等场景的三维虚拟漫游效果的网上展示，让观看者无需亲临现场即可获得 360°身临其境的感受。同时支持鱼眼照片和普通照片的全景拼合，以及全屏模式、批量拼合、自动识别图像信息、全景图像明暗自动融合等功能。

① 导入：将拍摄好的一组鱼眼图导入软件中；

② 拼合：单击"拼合"按钮，3～5min 即可自动制作一张 360°全景图。

3）发布

可以选择发布 Flash vr 格式文件（上传网站专用）、swf 格式文件与 html5 格式（ipad 上预览）。

4.5.1　图像采集

目前，可采用多种方法获取全景图，主要包括下面三种方法。

（1）使用全景相机来直接采集一张柱面全景图像。由于该方法需要使用特殊的设备，相机设备价格昂贵而且操作使用复杂，因此不适合普通人群，适合于专业摄像人员。

（2）使用配备较大视域的镜头，如鱼眼镜头进行拍摄，这种方法拍摄的图像存在很大的变形，将其生成球面全景图之前必须进行校正和变换。

（3）使用普通相机、摄像机等手持设备拍摄若干能够覆盖整个景物空间的照片序列或视频，相邻照片之间的拼接可以采用人机交互或自动方法完成，从而获得宽视野的全景图。这种使用手持设备获取图像序列通过利用"鱼眼镜头"和单电数码相机拍摄全景图。

本课题全景图的获取方法是：

（1）采用"鱼眼镜头"和单电数码相机拍摄的方法进行图像获取。采用的鱼眼镜头是一种超广角镜头，镜头视角达到或者超过180°。由于采用单电数码相机全景拍摄，对一个360°的全景图用鱼眼镜头来拍摄制作，只需要拍摄两张就可以很方便地将图像拼合成一张360°的高清晰全景图。这是一种性价比很高的解决方案，而其他的生成方法有些清晰度极高，但是成本也极高；还有一些方案快速方便、成本低廉但浏览效果不佳。

（2）在鱼眼镜头选择上，现在普遍使用的鱼眼镜头有圆形鱼眼（Circle）、鼓形鱼眼（Drum）和全帧鱼眼（Full Frame）3种，全帧鱼眼由于图像能充满整个画面，使用这样的鱼眼制作全景图，图像质量可以很高。本课题采用的是"全帧鱼眼"。

（3）在采用全帧鱼眼镜头拍摄时也需要一些技巧，根据不同的焦距拍摄得到的图像会截然不同。

技巧1：拍摄中，要求注意相机镜头和三脚架转轴处于同一中心点；三脚架云台、相机和镜头三者同地面要保持水平。拍摄采用全景模式，拍摄时要均匀转动相机方向，拍完第一张照片后，不要移动三脚架；用同样的方法拍摄第二张照片，两张照片需要有重叠部分，约1/5部分重叠就可以。以方便剪辑拼接用。

技巧2：拼缝的地方尽量不要出现移动的物体，否则由于其位置变化造成拼接上的麻烦。如果场景中有移动物体无法避免，拍摄时动作要快，尽量保证移动物体位置不变。

技巧3：如果要完成天地取景的拍摄，还需要在不移动三脚架的前提下，调整云台，直至相机呈 180°水平面向天和面向地共两张照片，此时拍摄时设置模式为标准模式，而不应该是全景模式。

4.5.2　360°全景图拼接

1. 全景图的拼接技术

全景图拼接是计算机视觉领域的一个重要分支。它是一种将多幅相关的且具有重叠区域的图像进行无缝拼接，从而获得宽视角全景图像的技术。目前，全景图拼接的一个很有理论意义和实用价值的研究课题就是利用普通的手持设备来获取图像，再通过图像处理的方法即拼接软件，来校正图像的失真并实现图像的自动拼接，从而获得具有高分辨率和大视野的图像。

图像拼接则是全景图生成技术中最为关键的一步。图像拼接技术主要有三个步骤：图像预处理、图像配准、图像融合与边界平滑，如图 4.10 所示。

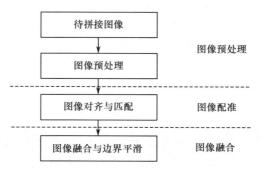

图 4.10　图像拼接技术的主要步骤

2. 拼接软件及过程

拼接软件常用有 Stitcher Unlimited、PTGUI、Hugin、PanoramaMaker、Photoshop-PTLens 软件等。利用拼接软件来制作全景图，一般要经过"导入→简单编辑→自动识别→拼接过程→生成图片"几个过程。拼接软件可以把一连串的照片快速地进行组合，使每个影像可以互相重叠在适当的位置上去组成一新的影像。即使是一个模糊的焦距，也不需要任何摄影机的数据，便能从原来的照片计算出焦距和变形的参数，也可以精确地测量到每一个像素。此外，拼接软件可以在每张照片的边缘自动地调整颜色，以使其对全景的影像提供一致的色调；另一方面，它也能自动地调整相邻的照片去除掉变形的可能，且可得到高品质和高精确度的结果。

3．360°全景图的拼接方法

本课题通过带鱼眼镜头的单电数码相机拍摄已经获取了两张全景照片，这两张照片需要拼接在一起才能构成360°全景图。如果使用手工拼接的方法费时费力，质量难以保证。就柱状全景图而言，由于两幅待拼接的图像重叠区域较大，一般采用基于特征匹配方法比较多，比如基于特征曲线的匹配、基于特征模板的匹配以及基于特征轮廓的匹配等等。也可以采用直接方法，直接根据图像重叠区域的相似性来实现。实践中本课题采用基于兴趣点相似曲线的匹配方法加以改进，可以达到满意效果。

但是，单靠拼接软件自动合成鱼眼图片功能，实际上往往效果与需求还会有一段距离。有时还需要手动进行一些微调，如此反复，不断调整，才能达到无缝的拼接。本课题经过实践，在把多张鱼眼照片拼接成360°全景图过程中，拼接软件、手动调整以及设置多个关键拼接点等方法有机地结合起来才能得到比较理想的效果，如图4.11所示。

图 4.11　三维全景拼接效果图

4.5.3　构建 360°全景漫游系统

1．三维全景漫游的方法

目前，实现三维全景漫游的技术有两种。

方法 1：在三维全景或地图中添加其他三维全景的链接，链接可以是箭头或者脚印等形式，浏览者在点击其他三维全景的链接时，就会切换到其他三维全景进行浏览，如图 4.12 所示。

图 4.12　三维全景图的箭头链接示意图

该方法虽然可以实现在不同场景中的切换，但是局限性比较大：

（1）要想切换场景只能点击其他三维全景的链接，增加了漫游的局限性。

（2）只能切换几个有限的场景。采用这种漫游技术的大都是在一个大场景中采集一个或者几个视点，而浏览者也只能在这几个三维全景中进行漫游，不能观察到该场景中的每个细节，也增加了漫游的局限性。

方法 2：是采用计算机视觉技术和计算机图形图像技术，获取全景图像对应的环境模型，实现全景空间与真实环境的一一映射。在全景空间中实现自主漫游。采用这种漫游技术的优点是浏览者可以单击或者双击三维全景中的地面来实现场景切换，大大简化了漫游的操作。同时该方法一般在场景中采集尽可能多的视点，所以浏览者想去哪里，只要点击该处的地面就可以实现，能够浏览到该场景中的任意细节，增强了漫游的真实感与沉浸感，如图 4.13 所示。

2．全景图的导入

漫游是在建立一个场景的项目之后，对多个场景的交互和跳转，其内容包括位置和漫游两部分，当柱面全景制作好后，所得到的仅仅是单个视点的浏览，并不能称为真正的虚拟现实实景，必须对制作好的全景进行合理地空间编辑和组织。

图 4.13　全景空间中的自主漫游

本课题采用 Pano2VR 软件将全景图导入后，进行一些参数的设置，根据实际需要可以修改图像质量，显示大小和播放帧数；如需全景自动旋转，可以点击右边的开启自动旋转功能，一般选择加载完毕后开始旋转。最后选择输出一个 swf 文件格式，在 360°全景网站制作时，将全景展示文件嵌入在网站某页面里，发布后，即可供使用者浏览。

4.6　三维全景数字展区的实例展示

本文以项目设计的海南生态博物馆全景网站为例，来简单介绍一下如何在博物馆展区介绍中应用三维全景。进入介绍海南生态博物馆全景网站的界面后，首先看到的是海南生态博物馆全景网站项目介绍和博物馆导航栏，浏览者可在导航栏上点击选择自己感兴趣的栏目。在对博物馆栏目内容的介绍中，除了有大量文字和图片外，最重要的是有展点的三维全景展示。当浏览者想观看演示时，点击相关内容图标即可进入游览。

三维全景在网站中应用有两种方式：一种是在网站直接进行全景图的链接；另一种是在网站中放入数据库中，再提供快速链接。本项目采用第二种方式。

具体展示方式如下：

（1）以项目网站使用户进入每个展区，如图 4.14 所示。

图 4.14　用户以项目网站进入展区

（2）在导航栏上点击想观看的展区。在图 4.14 中点击"动物"，再进入"蛙类"界面。如图 4.15 所示。

图 4.15 所示在对展区的介绍中，我们在蛙类图片和文字介绍的基础上，增加了对展区的三维展示，这样可以使浏览者对整个展区有更全面切实的了解。

（3）在图 4.16 中，点击想看的"绿蛙"显示图标，即可进入三维演示，下面是"绿蛙"三维全景展示的一个截图。图 4.14 虽然只是一个截图，我们依然可以看出它比普通照片更具有立体感、真实感。

图 4.17 是绿蛙不同角度的截图。

79

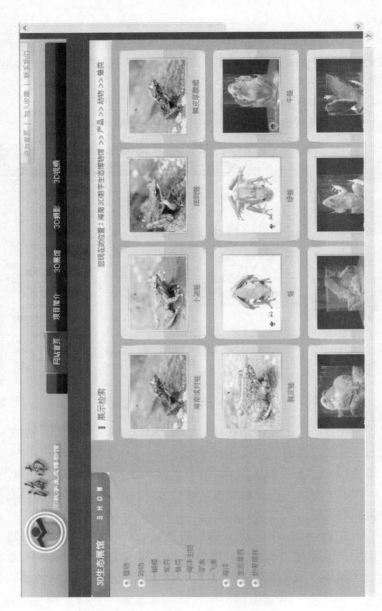

图 4.15 展区文字图片介绍和三维展示入口

图 4.16　展区三维展示截图

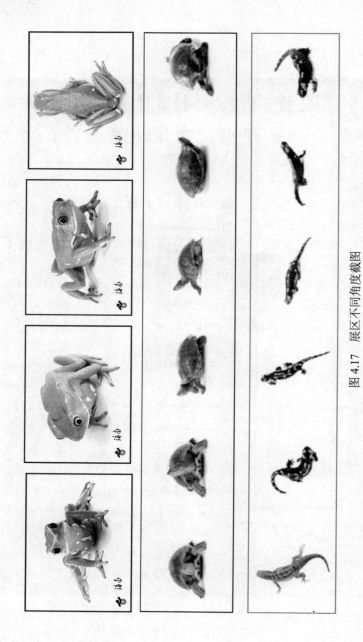

图 4.17 展区不同角度截图

82

4.7 总 结

本研究从二维图像中恢复出物体或场景的三维几何信息，研究海南独特生态资源 3D 几何模型数据的建模方法和可视化方式，给出构建海南生态资源 WEB 3D 模型数据库的技术框架。研究成果运用先进的虚拟网络三维互动技术，将海南省生态多样性博物馆的生态物种或者场景逼真地展示在互联网上。其研究意义在于：第一，建立了海南独特生态资源三维模型数据库及音视频数据库，为设计开发海南 WEB 3D 数字生态博物馆平台系统提供了支持和数据基础；第二，首次提出和定制了《基于 WEB 3D 技术的海南生态物种图像信息的采集标准和采集方案》，将为生态物种的数字化图像信息采集起到借鉴和参考作用，对利用信息化手段保护、管理和展示海南独特的生态资源具有重要的现实意义。

参 考 文 献

[1] 徐海云，王普，王广生，等. 全景拼图的实现技术[J]. 2004, 30(4): 417-422.

[2] 张晓亮，李丽. 全景拼图技术研究及应用[J]. 图形图像，2011,08.

[3] 胡铸鑫. 基于视景仿真虚拟校园系统的研究和实现[D] .上海：华东师范大学，2006.

[4] 全政环. 360 度全景技术的应用和发展历程[J]. 计算机工程应用技术，2004, 30(4): 713-715.

[5] 中国全景网 DB/OL]http: //www. chinavr. net/Chinese. htm. 2010, 6(3): 417-422.

[6] 邬厚民. 利用鱼眼技术构建全景漫游系统的方法探索[J]. 电脑知识与技术，2009(6).

[7] 吕晓帆. 基于兴趣点匹配的全景图拼接算法研究[J]. 电脑编程技巧与维护，2011(16).

[8] 郭长青，曹芳. 三维全景技术在景区介绍中的应用[J]. 地理空间信息，2009(2).

[9] 吴凤和，张晓峰. OpenInventor 在基于单幅图像三维重构中的应用[J]. 上海电机学院学报，2009, 12(3): 216-219.

[10] Liu Gang , Peng Qunsheng , Bao Hujun. Review and prospect of image-based modeling [J]. Journal of Computer-Aided Design & Computer Graphics, 2005, 17 (1): 18-27.

[11] Levoy M, Hanrahan P. Lightfield rendering [C]. PP Proc of the ACM SIGGRAPH. New York : ACM, 1996 : 31-42.

[12] Bouguet J Y, Perona P. 3D photography on your desk[C]. PP Proc of the IEEE Int Conf on Computer Vision. Washington , DC: IEEE Computer Society, 1998: 1-8.

[13] 束搏，邱显杰，王兆其. 基于图像的几何建模技术综述[J]. 计算机研究与发展，2010, 47(3): 549-560.

[14] 刘钢，彭群生，鲍虎军. 基于图像建模技术研究综述与展望[J]. 计算机辅助设计与图形学学报，2005, 17(1): 18-24.

[15] 徐丹，潘志庚. 虚拟现实中基于图像的绘制技术[J]. 中国图象图形学报 A, 1998(12).

[16] 漆驰，刘强，孙家广摄像机图像序列的全景图拼接[J]. 计算机辅助设计与图形学学报，2001(07).

[17] 何东杰. 基于单幅图像的多孔材料几何模型三维重构研究[D]. 武汉：武汉理工大学，2009.

[18] Mat usik W, Buehler C, Raskar R, et al. Image-based visual hulls [C] PP Proc of the ACM SIGGRAPH. New York: ACM, 2000: 369-374.

[19] 吴凤和，张晓峰. 基于参数域映射及 B 样条插值的三维重构方法[J]. 中国激光，2007, 34(7): 977-982.

[20] 张涛，孙林，黄爱民. 图像分形维数的差分盒方法的改进研究[J]. 电光与控制，2007, 14(5): 55-57.

[21] Kutulakos K N, Seitz S M. A theory of shape by space carving [J]. International Journal of Computer Vision, 2000 , 38 (3): 197–216.

[22] Lowe D G. Distinctive image features from scale2invariant key points [J]. International Journal of Computer Vision, 2004 , 60 (2): 91−110.

84

第5章 视频数据采集、处理与
显示方法

随着多媒体技术的迅速发展和日益普及，数字视频资源占信息资源的比重越来越大，因此在多样性博物馆建设中得到更多的关注。和语音、文本信息相比较，视频信息直观性强、所含信息量大，几乎可以直接被人所理解。电影、电视、网络流媒体等视频媒体发展迅速，为数字视频提供了丰富而具有长久持续性的信息来源，同时也对数字视频的保存、管理和应用提出更高的要求。

5.1 数字视频资源描述和特征

数字视频资源是以视频视盘（VCD 和 DVD 等）和网络为主要传播方式，以计算机及其相关外设为主要播放手段的视频信息资源。它的主要信息来源是电影、电视、录像和动画等动态图像信息，它的主要服务方式和功能包括视频点播、新闻点播、远程教学和数字博物馆等。

现在我们所看到的活动图像，大部分是来自摄像机的模拟或数字视频信号，也是数字视频信息的主要来源。模拟电视扫描系统把图像分为离散帧的过程，实际上是在时间方向上进行了采样。将每一帧图像离散为水平扫描行的过程，实际上是在垂直方向上进行了采样。这样通过扫描方式就把三维视频转为一维随时间变化的信号。人们把连续的模拟信号转变成离散的数字信号的过程称为数字化技术。对视频信号进行数字化处理同样有必不可少的三个过程：采样、量化和编码。

数字化之后的视频信号已没有模拟视频的连续特征，成为统一的二进制比特流的编码形式。随着数字化的进展，现在已出现了能直接输出数字化视频信号的数字摄像机。它们输出的数字视频信号有的是符合 ITU-R 标准的数字视频信号，有的是经压缩的视频信号，它们可以直接进入计算机或其他数字设备，这样就实现了视频资源从最初的采集到加工、传播的全数字化。

5.2　数字视频资源分类

数字视频文件可以分成两大类：其一是影像文件，例如常见的高清便是一例；其二是流式视频文件，这是随着因特网的发展而诞生的后起视频之秀，例如在线实况转播、网络视频课程和视频点播系统（VOD），是建立在流式视频技术之上的。

数字视频资源的常用格式：

1. 动态图像专家组（Moving Picture Expert Group，MPEG）系列标准

动态图像专家组（MPEG）是世界著名的数字视频和音频压缩的标准化组织，另一个 ISO 和 CCITT 的联合组，其目标是开发视频和关联音频的压缩、解压缩、处理及表现的国际标准。它承担制定了可用于数字存储介质上的视频及其关联音频的国际标准，简称 MPEG 系列标准。这些数字存储介质包括传统存储设备、CD-ROM、DVD、数字音频磁带（DAT）、磁带设备、硬盘、可写光盘，以及电信通道如综合服务网（IDSN）和局域网等。MPEG 组织目前制定了五个标准：MPEG-1、MPEG-2、MPEG-4、MPEG-7 和 MPEG-21。其中，MPEG-7 和 MPEG-21 主要用于检索的应用，在不断的完善过程中，这两类标准如果能够成功应用推广，将对视频和音频技术的发展产生了深远的影响。以下将对每一种标准进行简单介绍。

1）MPEG-1 和 MPEG-2

MPEG-1 建立了 CD 技术规范，使 CD-ROM 遍及全世界；MPEG-2 则奠定了数字电视和高清晰度电视的基础。它们都是通过压缩技术来促进传统模拟电视向数字电视的升级，在向公众提供更多的频道和节目方面取得了巨大成功。然而，如果与 MPEG-4 相比，它们仅仅是媒体传播技术发展道路上的过渡标准。

2）MPEG-4

MPEG-4 不仅仅是一种压缩技术，而是引入了全新的概念。无论是 MPEG-1，还是 MPEG-2，都采用基于像素或某种图像格式的数据表示方法，而 MPEG-4 采用的是基于对象的数据表示方法。面向对象技术已经给软件工程带来了一场革命，它同样也正在给多媒体传播带来一场革命。

MPEG-4 的主要目标是提供新的编码标准，支持数字 AV 信息通信、存取和操作的新方法，为各领域融合而成的交互式 AV 终端，且在移动互联网迅速发展过程中，提供了终端的视频解决方案。从这个意义上说，MPEG-4 并不针对任何特殊的应用，而是力图尽可能多地支持对各种应用中均有帮助的功能组，这就是 MPEG-4 以功能为基础的策略。

MPEG-4 支持的功能有八项，可以分成三类。

（1）基于内容的交互性。

① 基于物体的多媒体数据存取工具；

② 基于物体的码流操纵和编辑，提供编辑视频物体的手段；

③ 自然与合成数据的综合编码，提供语法规则和工具，支持自然视频与合成数据的编码以及码流的混合与同步；

④ 基于物体的随机存取，能够对在某一限定时间内以较高的分辨率在码流内的任一点对物体的访问提供高效的工具。

（2）压缩。

① 改进视频压缩效率，在同等条件下，主观视频质量要好于已有的或其他正在制订中的标准；

② 多并发数据流编码，支持对同一场景多视点的有效编码；对于立体视频应用，要求具有利用信息冗余的能力，并支持正常视频兼容性要求条件下的联合编码方案。

（3）通用存取。

① 易出错环境中的鲁棒性，在发生严重错误情况下，对各种有线与无线网络和存储媒体提供实现错误保护的工具，特别注意满足低比特率应用的要求；

② 基于内容的时空可调性，包括物体分辨率的可调性和物体本

身的可调性。物体分辨率的可调性是指对视频图像的内容和质量能够以较为精细的间隔实现时域和空域的可调性，由提供的工具和语法规则实现；物体的可调性指具有在解码后的场景中加入或删除视频物体的能力。

这八个功能来自于对未来近期应用功能要求的预测，同时又无法或不能很好地被现有编码标准支持。此外，它也说明了标准制订完成后所应达到的宏伟目标，前提是假定能够获得合适的终端设备和相关领域专家的支持。

借助于基于功能的途径，MPEG-4 为应用领域出现的各种需求找到了统一的答案。这些应用领域包括：

① 数字博物馆；

② 交互式 AV 服务，如基于内容的 AV 数据库存取、游戏或 AV 家庭编辑；

③ 高级 AV 通信服务，如移动 AV 终端、改进 PSTNAV 通信或电子商店；

④ 远程监控，如战场侦察或安全监视；

⑤ 互联网多媒体；

⑥ 多媒体邮件；

⑦ 远程医疗系统；

⑧ 无线电与电视广播。

3）MPEG-7

MPEG-7 主要是呈现有关内容的信息，而不是内容本身。它的目标是要提供一组标准化的工具，来描述多媒体内容。

MPEG-7 将扩展现有标识内容的专用方案及有限的能力，包含更多的多媒体数据类型。即用一组"描述子"来描述各种多媒体信息，这些描述子是进行标准化得到的。描述子与元数据与多媒体内容关联，为快速有效地搜索用户感兴趣的多媒体资料提供了可能。

4）MPEG-21

各种不同的多媒体信息资源分布地存在于各种不同系统，通过异构网络有效地传输这些多媒体信息，必然需要综合地利用不同层次的多媒体技术标准，因此需要一个综合性的标准来加以协调，即

MPEG-21（ISO/IEC18034《多媒体框架》）。MPEG-21 标准的工作主要重点在于景象、技术策略、数字项声明、数字项标识描述的研究，逐步为多媒体信息用户提供透明有效的电子内容传输、电子文件交易和使用环境。可以预见，MPEG-21 将在未来的电子商务应用中发挥重要的作用。

随着因特网的发展，多媒体信息在互联网上的传输显得越来越重要，视频流式技术是一种可以使音频、视频和其他多媒体能在因特网上以实时的、无需下载等待的方式进行播放的技术。因此，流式视频文件格式必须支持采用流式传输及播放的媒体格式。流式传输方式是将动画、视音频等多媒体文件经过特殊的压缩方式分成一个个压缩包，用户不必整个视频文件全部下载完毕后才能播放其中的内容，而只需经过短时间的启动延时之后即可在计算机或是其他硬件设备上播放部分即时下载的流式压缩多媒体文件，这些流式视频格式有以下几种。

1）RealVideo

RealVideo 是因特网上流式视频（如边下载边播放）的专有格式，Real Networks 要求近乎 CD 质量的音频。对 QuickTime 影片其质量会降低，快速连接（高于 56kb/s）性能更好，但 28.8kb/s 的速度也能运行。

2）VivoActive

VivoActive 是另外一个专有流式格式，Vivo 要求 FM 质量的音频，独立检查要求流式格式具有很好的视频质量。

3）AVI 和 QuickTime

音频视频交错（Audio Video Interlace，AVI），又叫 VFW（Windows 视频），是 Microsoft 的专有包含格式。尤其是质量适中，低 VHS 标准，15 帧/s，单声，四分之一屏幕窗口。但是，不同的 CODEC 得到的结果不一样，例如，Intel 的 Indeo4 可以产生 MPEG-1 的视频质量。QuickTime 是由 Apple 公司开发的，其播放器或插件可广泛用于多种平台。QuickTime 可打开 MPEG、DV 和 AVI 格式的文件，更具特色的 QuickTime 工具仍然限于 Mac 平台，如矢量图形、动画的 3D 子画面。

5.3 数字视频资源的处理方法

数字视频资源在数字博物馆资源中占有重要的地位。视频以它具体、生动、直观等特点，在很多地方得到广泛应用。视频处理一般是指借助于一系列的相关硬件（如电视接收卡和视频采集卡）和软件，在计算机上对视频信号进行接收、采集、传输、压缩、存储、编辑、显示、回放等多种处理。

5.3.1 采集

视频信息实际上是由许多幅单一画面所构成。每一幅画面我们称其为一帧。所以，帧是视频信息构成的最小和最基本的单位。

视频信息的采集就是将视频信号经硬件数字化后，再将数字化的信息加以存储，在使用时，再将数字化信息从存储介质中读出，将数字信息再还原成为图像信号加以输出。视频信号的采集可分为单幅画面采集和多幅动态连续采集。视频信息的采集过程实际上是对在一定时间以一定速度对单帧视频信息采样后形成离散数据值的处理过程。

5.3.2 编辑处理

视频信号的采集、存储、显示、传输涉及庞大的数据量，这对大容量存储技术及实时传输的要求是很高的。所以在采样和播放过程中要对图像进行实时数据压缩和解压缩处理，以适应计算机传输速度的需要。目前，在有各种软件、硬件数据压缩卡的情况下，可以基本保证视频信号的完整性和连续性。

对视频信号进行的编辑和加工处理，是对视频信号进行删除、复制、改变采样比率或改变视频或音频格式的操作。

视频处理的质量取决于视频处理的硬件和软件。目前视频处理硬件主要有电视接收卡、多媒体视频卡、视频实时压缩卡、视频编码卡等几种。视频处理的软件也有很多，它们大多提供小窗口的动态画面的捕获与回放，可生成动态声像文件。动态声像文件可以很好地将声、像数据交错在一起，使每一帧都有声有像。现在许多视频卡的生产厂家附带有自己的数字视频信息编辑软件。

5.4　数字视频资源数据的建设标准

在数字博物馆的数字视频资源建设（即数字化）过程中，我们需要建立相应的数字资源加工标准规范，其中非常重要的一步是确定各种数字资源的内容格式。对于视频资源这种特定类型的资源来说，存在众多可供选择的格式，在博物馆数字化工程中，为避免重复建设，选择适当的内容文件格式标准尤其重要。而选择的标准则要充分考虑数字博物馆数字视频资源的收藏、管理和传播等方面的需求。

随着我国数字博物馆建设的全面展开，各种数字资源格式标准的研究和确定势在必行。数字资源标准与规范的先行可避免重复建设和一些弊端，是数字资源建设和服务的可使用性、互操作性和可持续性的保证。近年来，网上的数字视频交流和应用很多，各博物馆也开始致力于建设自己的数字视频资源馆藏。由于存在众多不同的数字视频标准、编码以及格式，我们需要对它们进行调研，研究国内外相关发展概况、参考项目、实例和技术实践以便推荐可用的视频数字化技术。同时，视频资源建设，从技术到内容，都一直是以相关商业机构为主导来进行的。在技术标准的制订和推广过程中，难以体现数字博物馆建设的特殊需求。因此我们试图从数字博物馆建设的角度出发，提出对于视频数字格式标准的未来发展的参考性意见，这对于数字资源建设的顺利实施无疑具有重要的意义。

5.4.1　标准选订原则

视频数字资源加工过程中涉及到的标准和格式主要有两个方面：一是与采样、量化和编码等的方式有关的算法级标准；另一个则是与数字视频资源的应用平台和环境直接相关的文件格式。对于前者，MPEG 系列标准在业界一直具有不可替代的权威性，我们的推荐将是在跟踪 MPEG 系列标准的发展动态基础上进行的。而对于后者，由于较多受到商业环境的影响，我们将在考虑相关格式在已有资源中的普及程度和对相应 MPEG 标准的支持程度的基础上加以判断。同时，从我国数字博物馆视频资源建设的具体情况出发，我们还提出以下两个原则，作为我们进行推荐的依据和参考。

1. 保存与使用兼顾的原则

数字视频资源的保存和使用是数字博物馆馆藏建设的两个要点，保存是基础和前提，使用是目的。在考虑视频资源格式标准的选择时必须对这两个要点进行充分的兼顾。数字视频资源的保存主要考虑以下几个因素。

（1）信息的保真度：能否尽可能全面、真实和无损地保存信息。

（2）资源的安全性和稳定性：能否永久、持续地保存信息。

（3）数据的系统无关性：能否保证数据的可用性不会随着时间的推移和系统的变换而受到影响。

数字视频资源的使用主要考虑以下几个因素。

（1）资源的使用效果：资源使用的主观效果和客观效果能否满足不同层次用户的视觉感官需求。

（2）对带宽和计算能力等应用环境的要求：能否满足不同网络和计算机应用条件下的使用需求。

（3）系统兼容性：能否针对不同软硬件平台具有兼容性。

2. 充分支持流媒体应用方式的原则

流媒体技术是适应互联网环境中媒体传播的特点而发展起来的，与传统数字媒体服务方式的区别和优势主要包括：

（1）对带宽和计算资源的充分利用；

（2）使对实时捕捉信息的实时传播成为可能；

（3）便于包括版权控制在内的网络媒体传播的管理和监控。

网络是数字博物馆视频数字资源的主要应用环境，因此对于流媒体技术的支持程度是判断一个视频格式是否符合技术发展的趋势的重要标准。对于流媒体技术的支持主要体现在视频资源的应用方面，但它与视频的保存并没有必须加以取舍的深刻矛盾，通过相应的数据转换，两者是可以有机地统一在一起的。

5.4.2 推荐标准

以下我们根据数字博物馆视频资源建设的不同需要，表 5.1 分别提出相应的参数指标要求。

表 5.1　视频资源建设参教指标

资源级别	主要参数						主观描述
	分辨率 （像素）	帧数 （帧/s）	视频数据速率 （b/s）	音频设定	音频位速率 （b/s）		
低级（L）	352×288	25	1152k	立体声 44.1kHz	224k		相当于 vcd
中级（M1）	480×576	25	2600k	立体声 44.1kHz	224k		相当于 svcd
中级（M2）	720×576	30	4M	立体声 48kHz	384k		相当于 dvd
高级	1920×1080	60	15M	立体声 48kHz	384k		相当于高清

1. 采集

视频资源的采集，从分辨率、帧数、视频比特速率、音频采样、音频位速率等五个方面区分为四个等级。四个等级的具体参数如表 5.1 所列。另外、随着 DV 的逐渐普及，对 DV 的素材也分为中、高两个等级。

2. 服务方面

主要是面对网上用户，根据不同的网路传输条件，分了四个级别。由于话音对声音的质量要求比较低，在分类中，对话音和音乐可以采取分别的传输速率等级，以取得最佳效果。表中未对编码格式做限制，原则上，达到表中的视、音频传输位率的压缩算法均可。在服务中，我们是采用的 Helix 进行的压缩，生成格式为 RM 或 RMVB。

5.5　常用的输入输出设备

5.5.1　数码摄像机

数码摄像机记录视频不是以模拟信号，而是以压缩的数字信号的方式，是视频数字化过程的主要设备。数码摄像机最大的优点是清晰度高、体积小，便于携带，既可拍摄动态的影像，也能像数码照相机一样拍摄静态的图像。拍摄影像保存在记忆棒或多媒体卡上，通过配套的截取软件和电缆连接到计算机后，进行图像的下载、制作、发送和打印。其实，数码摄像机本身也是一台小小的编辑器，它能将所拍摄的影像在后期的放像录制过程中做小小的编辑，如使用特技功能和画面效果进行放像，或进行影像的局部放大等。

5.5.2　照明设备

包括灯光、反光镜、着色凝胶和散射材料。

5.5.3　监视工具

用来了解正在录制或者处理的情况。

5.5.4　显示器

显示器不仅对图片阅览效果有较大影响，而且对使用者眼睛保护也极其重要。显示器分辨率越高，点距越小，图片阅览效果越细腻，屏幕尺寸尽可能大一些，可减少视觉疲劳。质量次的显示器经常会出现分色、偏色、拖尾等情况。显示器之间最大的差别其实在于显示器所采用的显像管的差别，在相同的可视面积下，显像管的品质是决定显示器性能是否优越的最关键因素。

同显示器相配合的显示卡也很重要，目前支持局部 PCI 总线方式的显卡，配 4MB 显存就可支持 1024×768 的全屏真彩方式，如果编辑立体图形，就需要有 3D 加速功能的显卡。另外显存的大小将直接影响显示速度、分辨率、色彩。

5.6　数字音频资源加工软件平台

5.6.1　音频编辑系统

音频编辑系统主要提供以下功能：

（1）压缩（动态处理）：能够控制音频电平，这对高质量的流媒体非常重要。

（2）均衡（EQ）：能够控制音频的音质。

（3）噪声控制：能够削减音频中不必要的噪声幅度。

（4）CD"抓取"和制作：能够直接获取 CD 上的所有数码信息，并且可以把制作结果备份到 CD 上。

（5）为高级处理而准备的插件程序支持：能够在音频编辑系统中使用第三方软件。

（6）流媒体支持：能够直接从音频编辑系统中直接输出流媒体，而不需要另外的编码器。

（7）批处理：能够自动处理批量任务。

5.6.2　编码器

在音频文件录制好后要把它们编码成所需的数字化格式，如流媒体格式。每个主流的多媒体平台都有独立的编码格式和相应的编码程序。另外，许多音频编辑程序也有输出功能，包括独立编码器的所有部分。

如 RealNetworks 有两个独立的编码软件：RealSystem Producer 和 RealSystem Producer Plus。两者都可以把音频信息编码为 RealSystem 格式。Windows Media Technology 则有 Windows Media encoder，它可以把音频文件编码成 Windows Media 格式。另外，把 QuickTime Player 升级成 QuickTime Player pro 可以使音频编码成 QuickTime 格式。

5.7　数字音频、视频资源实时采集操作

5.7.1　幅度问题

每个音频产品都有一个它能运作的有限范围，称为"动态范围"。其具体含义是，从它所能录制的最高音开始向下直到它自身的背景噪声位置的一个范围。背景噪声，就是这个设备内在的噪声幅度。任何低于这个幅度的信号都是不可分辨的。为了让每个设备都能达到最优效果，就得在其各自的动态范围内工作。要避开声音太小的信号，因为它们太接近低噪，那样低噪就会被注意到。也要避免信号声音太大，

因为这会使设备失真。当设备不能真实地复制所需要的波形时，失真就产生了。数字音频的失真信号听起来很可怕。应该让设备在动态范围的最高点工作，但不要产生失真。

5.7.2　设定增益结构

音频信号链包含了所有的音频设备。当信号沿着它前进时，信号的幅度，或者增益，受到设备每个环节的影响。增益通过信号链时所受的影响叫做增益结构。设定一个恰当的增益结构是制作高质音频的第一步。任何音频设备都不能在最小和最大增益下工作得很好，因此在建立增益结构时，要尽可能保持幅度在通过信号链时是一致的。可以通过调整音频设备的输入和输出幅度来实现。信号链的每个环节都要设定幅度。需要一套好的麦克风，一块高质量的声卡。声卡可能是信号链中最大的噪声源。

5.7.3　光线和光源

光线在摄像中占有重要的位置。摄像机在光线比较差的情况下虽然也能工作，但显然不是最佳状态。在低光强下工作意味着视频信号大多分布在视频设备光强范围的低端，低强度视频信号含有更多的噪声。另外，摄像的帧频是恒定的，光线强度改变时视频摄像机会调节光圈的大小，在低光强下，光圈会开得很大。由于摄像机透镜的边缘一般会有图像畸变，当光圈开得很大时，有些光线就只能通过有畸变的透镜边缘进入，从而使图像质量下降。

大多数的光照配置是基于主光源、补充光源和背景光源这三种基本光源组合而成的：主光源是照亮物体的主要光源。它与为整个场景照明的补充光源不同，一般与摄像机成 45°角。主光源会在物体的表面一侧投下阴影，使得整幅图像具有三维效果。补充光源用来提升拍摄现场的整体亮度，并照亮某些由于主光源而产生的阴影。背景光源被设计用来把主要被拍摄物体和背景分离。尽管照明的位置会有所变化，但是背景光源的放置位置却基本相同。使用背景光源可以进一步增加场景的三维效果。

三光源的配置步骤一般包括：

（1）放置主光源；

（2）校正曝光度；

（3）放置补充光源；

（4）放置背景光源。

除主动光源外，利用反射装置提供辅助光照在室外拍摄时非常有用。它们可以使从原始光源射出的光线发散，或者使光线照得更远些。

5.7.4 色彩与白平衡

在任何视频信号的产生过程中，色彩都是不可或缺的要素之一。要确保摄像机能够看见和肉眼一样的色谱需要根据拍摄环境进行设置，即进行所谓"白平衡"的设置。不同类型的光包含色光的比例不同。要确定摄像机所记录的颜色是正确的，拍摄者必须根据所拍摄的光线类型对摄像机进行颜色调整，这个过程就是白平衡，它包括以下步骤。

（1）放置设备：打开光源，放置好所有照明设备。

（2）在要拍摄物体前加一块白色的卡片，卡片要足够厚而且不透光。

（3）移动调整摄像机，直到屏幕被卡片完全填满。

（4）从探视镜观察卡片的颜色，同时在摄像机的不同预设值之间切换，直到探视镜中的白色卡片看起来和它的真正颜色一样为止，以达到最好的效果。

5.7.5 镜头的编排

数字视频编码过程要把帧之间的变化记录下来，编码器把运动理解为变化，任何运动都将被编码。如果帧之间有太多的运动，帧之间可共享的信息就太少，编码的难度、效率和质量就会降低。因此镜头的运用中必须尽量减少不必要的运动。为了避免不必要的抖动，三脚架的使用必不可少。同样地，摄像机的圆周运动、斜坡运动和缩放操作等也应尽量避免。

5.7.6 采集的外部环境

电源、通风和室外摄影时的气候等因素也必须加以考虑。

5.7.7 计算机非线性编辑系统的组成

在非线性编辑系统内部，对视频文件的操作非常简单，完全是在指定的时间轴上进行文件的拼接，只要没有最后生成影片输出或留档，对这些文件在时间轴上的摆放位置和时间长度的修改都是非常随意的。但是作为一个系统，非线性编辑的意义并不仅限于此，计算机非线性编辑系统应包括数字化硬件和视频编辑软件两个主要部分。

对于传统的模拟视频来讲，计算机在进行视频编辑时，必须把源视频进行数字化，即来自与模拟摄像机、录像机、影碟机等设备的视频信号转换成计算机要求的数字形式并存放在磁盘上，这个过程称为数字化过程（数字化过程包括采样、量化和编码）。模拟视频的非线性编辑系统实质上是一个扩展的计算机系统。更为直截了当地说，就是一台高性能计算机加一块或一套视音频输入/输出卡（俗称非线性视频采集卡），再配上一个大容量 SCSI 磁盘阵列便构成了一个非线性编辑系统的基本硬件。这三者相互配合，缺一不可。

非线性视频采集卡是模拟信号与数字信号的中间连接设备，所有模拟视音频信号在此经过 A/D 模数变换后，每一段素材都成为了一个视频文件存放在 SCSI 硬盘阵列中，供计算机进行数字域的处理。需要输出的视音频数码流经过 D/A 数模变换成为可供记录或显示的模拟视音频信号。非线性采集卡上的模拟信号接口有复合、分量、S-VIDEO，已涵盖现有模拟电视系统的几乎所有接口形式。压缩与解压缩是非线性视频采集卡的核心内容，因为庞大的数字视频数据量使普通计算机都不堪重负，不能正常处理数码率高达216Mb/s 的无压缩数字分量视频信号或者142Mb/s 的无压缩数字复合视频信号，从而无法胜任无压缩数字视频信号的非线性编辑工作。目前，我国拥有的非线性编辑系统大都支持 MPEG 序列标准算法。这种压缩算法对活动的视频图像通过实行实时帧内编码过程单独地压缩每一帧，可以进行精确到帧的后期编辑。由于这种算法不太复杂，可以用很小的压缩比（2:1）进行全帧采集，从而实现广播级指标所要求的无损压缩。若采用广播级指标进行 2:1 压缩，经过压缩的数字视频信号其数码率仍有108Mb/s（分量视频）或71Mb/s（复合视频），对于普通个人计算机而言，为了更有效地处理这种数字视频信号，还需要外挂大容量 SCSI 高速 AV 硬盘阵列作为视频文件存储器。

随着硬件的开发和新的压缩编码的实现，影像的质量有所提高，价格开始下降。高端专业编辑工具给那些有能力购买的人提供了相当好的视频质量，但是普通消费级设备所能获得的视频质量仍然不尽人意。直到数字视频的发布。DV 使一般视频制作者鱼和熊掌兼得，即能够获得高质量的视频，其设备价格也担负得起。计算机增强的能力，更快的 IDE 硬盘，不贵的 Firewire 接口和新的视频编辑软件，所有这些都使 DV 成为非线性编辑的真正革命性的格式。当然，DV 不是一种完美的格式，因为它的 4:1:1 颜色处理和特定的压缩处理。但它却有着极优的性能价格比。从视频源的角度讲，DV 的视频质量优于模拟格式 BetacomSP（9.2:9.1），但 Betacam SP 摄像机的价格却至少是 Sony DCR-VX1000 市场价格的 5 倍。而且，DV 视频本身已经数字化，不需要非线性视频采集卡进行 A/D 转换。因为 DV 视频源精巧的 5:1 压缩，速度极快但价格昂贵的 SCSI 磁盘阵列也不再是必备之物。

随着 DV 成为真正的质量标准，而且苹果机内在的 Firewire （IEEE-1394）接口的配置，建立一套功能强大的非线性编辑系统变得异常容易而且经济。当然，不是所有要编辑的视频资源都是 DV 格式的，模拟视频源仍然相当广泛。因此把模拟视频转换成数字视频的能力成为 DV 产品的必要组成部分。可用一个计算机的模拟数字化板卡（视频采集卡），然后把影片转换成 DV CODEC。

从非线性编辑系统的硬件结构来看，该系统的硬件只是完成了视音频数据的输入/输出、压缩/解压缩、存储等工作，或者说只是提供了一个扩展了的计算机工作平台，还没有涉及到非线性编辑。当我们要进行非线性编辑时，除了计算机工作平台要满足上述非线性编辑硬件要求外，还需要配以非线性编辑应用软件，才能组成一个完善的非线性编辑系统，从而着手进行非线性编辑工作。

5.7.8　影像存储格式与规格的批量处理

用图像处理软件将 TIFF 文件转换成 1:1 的 JPEG 文件。该操作可以批处理。自 TIFF 档转换为 JPEG 档时压缩比不得小于 85，一般用中度压缩。同理将原大的 JPEG 文件自动批处理生成某种统一精度，统一大小的网络浏览文件和预览文件。

　　文件转储：通常要把 TIFF 文件刻成 CD 或 DVD 保存。JPEG 文件和 GIF 文件通常转传到图像服务器上，供网络发布和访问量使用。

5.7.9　数字化注意事项

　　数字化的过程中有许多数字化参数与细节必须注意，而这些细节的调整将直接影响到数字化的品质，因此必须格外地注意数字化工作的流程及其细节是否正确。以下就列举相对重要的项目加以说明。

　　珍贵的标本在数字化时，使用非接触式与冷光源的数字化设备，较不易导致藏品的毁损。若因原件的材质问题导致数字化扫描的效果不好，需加滤镜处理时，在数字化的同时直接使用数字化设备所提供的滤镜（如去网纹）处理，其效果会优于事后使用图像处理系统所处理的效果。

　　由于各数字化设备的色彩空间互有差异，因此若在数字化之前进行色彩校正的程序，对于提高数字化的质量会有较好的效果。并建议此操作经常执行，以调整数字化设备色彩的正确性。每一件数字化的产品均需保留数字化过程中所有的数字化参数，及数字化产品做过哪些影像处理动作的记录，以利日后必要的修正与追踪。

　　以典藏保存为目的的数字化产品应尽可能保持其原件的特性，以利虚实物体间的管理工作。如数字化文件的命名方式、破损修复、图像拼接以及单一页面做为一个文件等。

5.8　数字视频资源采集处理实例

　　在多样性博物馆的视频数据采集中，我们采用了索尼高清三维摄像机 TD10E，获得二维或三维的视频数据，联合摄像机的拾音器，得到音视频数据，再结合后期软件 Vegas Pro 进行适当的剪辑，形成数据库中的视频数据，存储的格式严格按照不同需求存为 MPEG 格式，可存储为 TS 流方便网络流媒体浏览。二维音视频数据的读取方式兼容性很容易实现，市面上所有的播放器和视频库平台均支持 MPEG 格式。三维视频的读取将存在播放显示方式的选择问题，本方案中采用了面对计算机的三维显示器裸眼三维方式，要求借用支持三维格式的播放器，由三维显示器或三维电视机来进行显示，观察者可以通过佩戴三维眼镜来观看三维视频。以下以三维视频制作过程为例，二维视频制作方法类似，这里不重复介绍。

5.8.1　拍摄三维视频

摄像机是通过左眼与右眼的原理来录制三维视频，即人们分别用左眼和右眼看物体，这个时候存在视差。视差现象欺骗观看者的大脑，形成影像的深度感。摄像机中的两个镜头分别仿真了人的左眼与右眼，分别录制左右眼视频，形成三维效果的影像，如图 5.1 所示。

图 5.1　三维摄像一体机的工作原理图

在拍摄过程中，双镜头之间的距离为 31mm，做到了人眼观察的最佳距离。在拍摄中，要有效地控制景深来更好地表现立体感觉，即看到物体离镜头越近的时候，立体感也就越强，但是如果距离越近，整体眩晕感也随即增加。

操作步骤如图 5.2 所示：

（1）触碰三维动画播放画面上的按键 ➥ 来进行三维深度调整；

（2）触碰 ➕ / ➖ 调整垂直方向→[下页]；

（3）触碰 ➕ / ➖ 调整水平方向→[OK]。

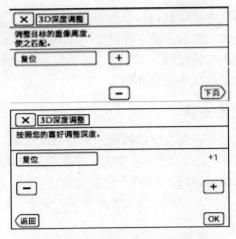

图 5.2　触碰三维动画播放的画面

　　另外，对于手持式 DV 拍摄，光学防抖的能力直接影响到画面的观赏水平。TD10E 中采用了新式的光学防抖修正算法，使用广角端影像的稳定性约为传统防抖功能的 10 倍，有效减少了行走拍摄和变焦时的抖动，帮助消费者拍摄出画面稳定的动态影像。因此，在拍摄过程中一定要打开防抖功能。

　　为了体现最佳的三维效果，尽量用广角端拍摄，并结合防抖增强模式，计算好物体与摄像机镜头之间的距离，一般要求保持在 2～3m 的距离为宜。TD10E 广角端拍摄三维视频最佳距离为 0.8～6m，可以根据物体大小来选择合适的距离。

5.8.2　制作三维视频

　　后期音视频编辑采用索尼 Vages Pro 10.0，更能够配合 TD10E 来处理效果，以下是三维视频的制作过程，如图 5.3 所示。

　　通过选择文件菜单->打开，如图 5.4 所示，并导入 TD10E 拍摄的音视频素材。

　　在素材目录中单击鼠标左键，导入素材。在时间轴上将出现三维音视频数据，共 2 个视频轨道和 4 个音频轨道，如图 5.5 所示。

　　在预览窗口中通过播放停止暂停等按键对需要编辑的视频进行预先效果浏览，如图 5.6 所示。

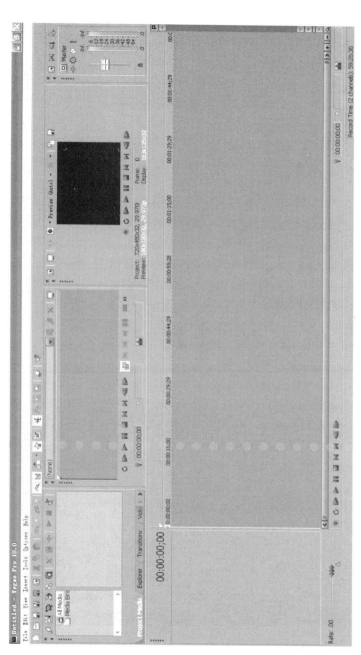

图 5.3　打开 Vages Pro 进入到主界面

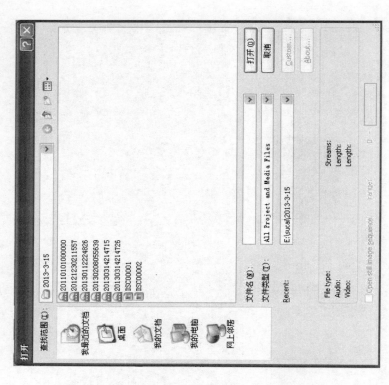

图 5.4 导入选择菜单和导入目录选择窗口

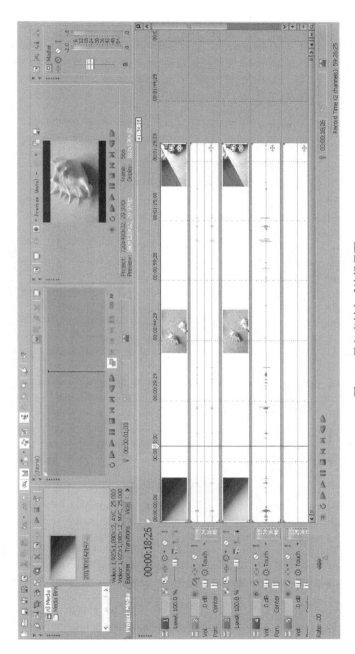

图 5.5　导入素材之后编辑界面

105

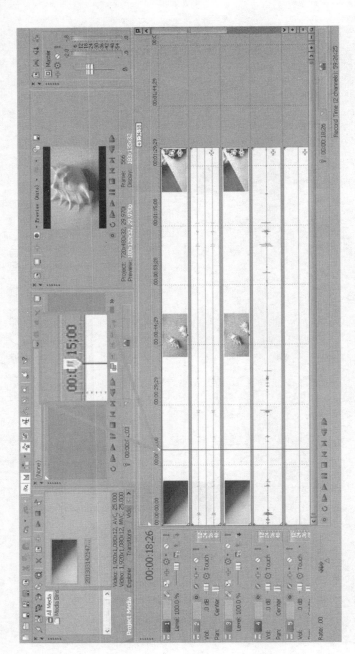

图 5.6 编辑界面时间轴剪切按钮

拍摄音视频素材必须通过剪裁之后，将不需要的镜头删减掉，并附加上效果处理。通过预览区域的按钮来预览，同时，定位到需要剪切的视频帧位置，然后，按住鼠标左键，拖动素材边缘到时间线的位置，就可以完成剪切的操作，如图 5.7 中的按钮所示。

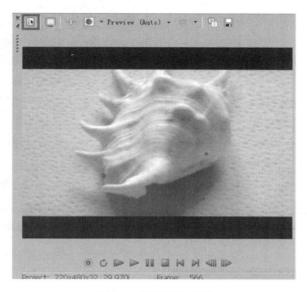

图 5.7　视频预览界面

所有音视频编辑完成之后，点击选择浏览框上方的视频设置按钮，如图 5.7 红色框所示，在模板中可以选择不同的分辨率和帧率（根据所拍视频素材的参数来选择）；立体三维模式选择中选择"off"；最后选择"Apply"和"OK"按键完成设置，如图 5.8 左图所示。

在输出之前，必须进行渲染设置，即在文件菜单中选择输出设置面板（如图 5.8 右图所示），跳出设置面板，如图 5.9 左图所示。之后，在 Save as type 中选择我们需要的存储格式，如图 5.9 所示，选择 MPEG 通用格式，并在模板一项中根据视频编辑设置的参数选择相应的分辨率和帧率；选择好输出路径之后点击"SAVE"存储输出。

(a) 视频参数设置

(b) 渲染设置选择

图 5.8 视频参数设置与渲染设置选择

(a) 渲染输出参数设置

(b) 输出格式选择

图 5.9 渲染输出参数设置与输出格式选择

参 考 文 献

[1] 余松煜，周源华，张瑞. 数字图像处理[M]. 上海：上海交通大学出版社，2007.

[2] Iain E G Richardson. Overview, H. 264/MPEG4 Part 10 White Paper[S], 2002.

[3] 董或焘. H.264AVC 编码优化算法研究[D]. 上海：上海交通大学，2008.

[4] Ze-Nian Li, Mark S. Drew. 多媒体技术教程[M]. 史元春，等译. 北京：机械工业出版社，2005.

[5] 何书前，蒋文娟，陆娜，等. 现代网络视频编码技术[M]. 湖北：湖北科技出版社，2009.

[6] Shuqian He, Xueping Zhang. An Efficient Fast Block-Matching Motion Estimation Algorithm[C].
International Conference on Image Analysis and Signal Processing 2009, 2009：216-220.

[7] 朱晓东. 数字博物馆关键技术研究[D]. 西安：西北大学，2004.

第6章 基于立体视觉的三维图形数据采集与处理

6.1 引 言

在本书中，针对三维图形数据的工作主要有采集、处理与显示。采集方面，主要利用图像或视频来重建三维图形数据；采集所得的点云数据有瑕疵，还需要进行处理，如去噪、网格化、光滑化、纹理映射等；得到的物体三维模型，再通过基于 DirectX 或 OpenGL 开发的图形应用软件或高层图形显示 WEB 3D 等方式显示出来给用户看。

三维图形数据获取的技术手段有很多方式，通常可分为以下三种。

第一种方式：利用三维建模软件构造三维模型。市面上流行着很多优秀建模软件，比较知名的有 3DSMAX、Maya 以及 AutoCAD 等。它们共同的特点都是利用一些基本的几何元素，如立方体、球等，通过一系列几何操作构造复杂的模型。但这种方式的缺点在于人们必须充分掌握场景数据，如场景的物体大小位置等，另外，这些软件的操作比较复杂，因此三维建模周期长；又因为需要熟练地操作人员，提高了建模成本；若构造不规则的物体，真实感不高。

第二种方式：人们通过仪器设备直接获取三维信息。这些设备包括一些深度扫描仪等。它建模精度比较高，适用于有一定精度要求的建模应用；其使用比较简单，建模时间也比较短，但是通常这种设备都比较昂贵，且对较大物体的重建不太适合。

第三种方式：利用图像或者视频来重建三维模型。根据重建算法的复杂性，建模过程也越来越自动化，使得人工劳动强度越来越轻，降低了建模成本。而建模所需的设备只需要一个普通的相机，适用于任何场景的重构。本书主要采用基于图像或视频重建三维模型的方式来进行三维图形数据的采集。

另外，基于照片图像恢复空间实体是计算机图形学和计算机视觉中的一个重要的分支课题。照片真实地反映了空间实体表面纹理与深度信息，通过对图像信息的提取和处理可以搭建起二维图像到三维实体空间拓扑结构的桥梁。

基于图像的三维重建最主要的部分还是在于三维信息的获取和建模阶段。模型表示方式的不同决定了重建算法的不同。现在，主要有基于平面，基于深度图像序列，基于立体视觉以及基于侧隐轮廓线的建模等几种重建方式。本书主要研究基于立体视觉的三维重建方式。

6.2 基于立体视觉的三维建模原理

立体视觉（Stereo Vision），从两个或多个视点去观察同一场景（图 6.1），获得在不同视角下的一组图像，然后通过不同图像中对应像素间的视差，推断出场景中目标物体的空间几何形状和位置。它是计算机视觉中的一个重要分支，也是计算机视觉的核心内容。立体视觉直接模拟人类双眼处理景物的方式，可以在多种条件下灵活地测量景物的立体信息。目前，基于立体视觉的三维重建是立体视觉领域中的研究热点和重点。

基于立体视觉的三维重建是指通过对二维图像的处理，利用立体视觉的原理获取场景中目标的三维信息。假设我们在两幅图像上找到了一对对应点（即它们是场景中物体表面上同一点的投影），则由两幅图像的投影中心出发分别经过这一对对应点的两条直线在空间中将交于一点，这样就得到了场景中物体表面上某一点的三维坐标。假如能够得到物体表面上所有点的三维坐标，则该三维物体的形状和位置就是唯一确定的。立体匹配的目的就是根据同一场景空间中不同视点的图像间的对应关系，恢复场景深度信息。

目前，基于图像的三维重建技术可以分为两类，一类是基于"被动线索"的建模，另一类是基于"主动线索"的建模。

图 6.1 不同视角对同一贝壳观察的结果

1. 被动线索建模

被动线索建模是指从关于某一场景或物体的一幅或者多幅图像中找到线索，进而推知图像记录的场景或物体的几何信息。这些线索包括物体边与边之间的几何关系、两幅图像的视差关系、多幅图中特征点的对应关系以及物体轮廓信息等。这些线索是场景中物体所具有的，称为被动线索。对于使用被动线索的建模方法而言，又可以分为以下几类：第一类方法主要利用立体像对中的对应点信息进行三维信息恢复；第二类使用了物体的轮廓信息，利用物体轮廓建模一般需要数量较多的图像；第三类利用场景中已知形状的物体或者简单几何元素之间的关系进行建模。

2. 主动线索建模

主动线索建模是指在原物体形状的基础上，再通过其他手段，使拍摄得到的照片中形成一些已知特性的线索。通过这种线索，可以更简便地获取到图像对上相互匹配的区域。如在物体表面上用光打上条纹或者制造出阴影，以此构造人造线索。早在20世纪80年代，一种基于结构光投射的方法被提出。这种方法的拍摄方式和使用立体像对方法进行的拍摄方式相似。

对比以上两种建模方式，被动线索方法需要的设备较少，对目标物体的限制少；而主动线索方法，由于线索是人为定制的，因此可以使算法相对简单。

在本书中，我们在被动方法的基础上，加入了比较容易形成的垂直条纹主动线索来进行三维数据采集，用于重构物体的三维模型。我们采用的方法主要包含相机标定、三维数据采集、多次采集的数据拼接，以及模型数据后处理等。

6.2.1 相机标定

基于立体视觉的三维建模就是要从相机获取的图像信息出发，计算三维空间中物体的几何信息，并由此重建和识别物体，而空间物体表面某点的三维几何位置与其在图像中对应点之间的相互关系是由相机成像的几何模型决定的，这些几何模型参数就是相机参数。在大多数条件下，这些参数必须通过实验与计算才能得到，这个过程被称为相机标定。相机标定过程就是确定相机的几何和光学参数以及相机相对于世界坐标系的方位。精确标定相机内外参数不仅可以直接提高测量精度，而且可以为后继的三维重建奠定良好的基础。

相机模型是光学成像几何关系的简化，最简单的模型为线性模型，即针孔模型（Pin-hole Model）。在理想针孔相机模型中，求解投影矩阵 P 的过程被称为相机标定（Camera Calibration）。相应地，求解内参数矩阵 K 的过程被称为内标定，而求解外部参数（R, t）的过程被称为外标定。

通常，可以采用在相机取景范围内放置标定物体的方法进行相机标定，其中标定物体的三维形状是已知的，即标定物体上标识点（也称为参考点）相对于物体本身坐标系的三维坐标是已知的。目前广被采用的标定物体是一块画有标定图案的平板，其中标定图案的选取应使参考点在图像平面上的投影点能够被精确地检测出来。这样，对于标定图案上的每一个参考点，根据投影成像模型，联立方程组并求解，就可以得到投影矩阵 **P**。实践表明，只有标定图案选取适当，这种方法才能够以很高的精度获取相机内外参数。

在线性相机模型中，需要定义的坐标系主要有三个：图像坐标系，相机坐标系和世界坐标系。相机模型是光学成像几何关系的简化，它表示了三维世界和二维图像之间的投影对应关系。目前使用最为广泛的透视投影相机模型是针孔模型。在该模型中，场景中的空间点在图像平面上的投影点即为连接该空间点与相机焦点的直线与图像平面的交点。

对一个理想针孔相机，设其坐标系 Z_c 为 (x_c, y_c, z_c)，另外，$M = (x_w, y_w, z_w, 1)$ 和 $m = (u, v, 1)$ 分别是以齐次坐标表示的某空间点和它在图像平面上的投影点，那么它们之间的投影关系为

$$Z_c \begin{bmatrix} u \\ v \\ 1 \end{bmatrix} = \begin{bmatrix} f & s & u_0 & 0 \\ 0 & rf & v_0 & 0 \\ 0 & 0 & 1 & 0 \end{bmatrix} \bullet \begin{bmatrix} R & t \\ 0 & 1 \end{bmatrix} \bullet \begin{bmatrix} x_w \\ y_w \\ z_w \\ 1 \end{bmatrix} = PM \qquad (6.1)$$

式中：f 为以像素宽度为单位的相机焦距；r 给出了像素的纵横比；(u_0, v_0) 是主点的像素坐标；s 是像素的扭曲程度。这些数据构成的矩阵，是由相机内部决定，属于内参矩阵。(R, t) 反映相机坐标系相对于世界坐标系的方向和位置等外部参数，称为相机的外参矩阵。**R** 是一个 3×3 的正交单位矩阵，作为旋转矩阵。而 **t** 是二维平移向量。这些参数公共构成矩阵 **P** 是一个 3×4 阶矩阵，被称作相机的透视投影矩阵。

在标定过程中，需要找出标定板上同一个点在两个图像上的位置，即要匹配两个图像上的点。在物体的图像中，各种特征的像素点的数量要比图像总的像素点的数量少得多。对这些局部特征的像素点进行处理而不是处理所有的像素点，不但可以极大地提高计算速度，

而且还可以从图像中提取出尽可能多又定位精度高的特征点。特征点检测与提取是相机标定的前提，也是匹配环节的重要前提，提取的特征点将作为已知数据输入到标定程序，因此特征点的检测与提取是否精确将直接影响相机的标定结果和精度。

立体匹配要解决立体图像对的点对应问题，就是在一幅图像中给定一点，寻找另一幅图像中的对应点的过程，是基于二维图片的三维重建技术中的关键步骤。立体匹配不存在任何标志模板，当空间三维景物投影到二维图像平面上时，受场景中如光照条件、目标物体几何形状和物理特性、噪声干扰和畸变及相机的特性等诸多因素的影响，同一物体在不同视点下的图像会不同，各种因素的影响被综合表现为单一的图像灰度。因此要准确地对包含了众多不利因素的图像进行无歧义的匹配是十分困难的，自动匹配对应点的问题迄今为止还没有十分完美的解决方案。

对于真实相机，在实拍相片时往往存在一些由相机镜头引起的非线性畸变。当对精度要求比较高时，需要对这些非线性畸变进行校正。如针对影响较大的径向和切向畸变，进行校正。

6.2.2 三维数据采集

三维数据采集，即使用标定结果，以及对物体的某个角度的扫描影像，求解出从某个角度观察的模型三维点信息。

从两个相机像面上对应点发出的射线应交汇于空间中的一点 P，但是由于实际的相机系统存在的各种误差，特别是图像提取误差、图像处理误差、相机标定误差、图像立体匹配误差、计算舍入误差等，使得这些射线不会严格意义地交汇于一点，而是近似地交于一点。所以，空间点的三维坐标不能通过简单的三角关系解析获得。

基于点的三维重建是最基本的，也是最简单的。我们假定，空间任意点 P 在两个相机 C_1 与 C_2 上的图像点 p_1 与 p_2 已经从两个图像中分别检测出来（通过前面介绍的匹配算法），即已知 p_1 与 p_2 为空间同一点 P 的对应点。我们还假定，C_1 与 C_2 相机已标定，它们的投影矩阵分别为 M_1 与 M_2。那么通过下面的方程组：

$$\begin{cases} Z_{c_1} p_1 = \boldsymbol{M}_1 P \\ Z_{c_2} p_2 = \boldsymbol{M}_2 P \end{cases} \qquad (6.2)$$

可以用最小二乘法解超定方程组求出 P 点的坐标 (X, Y, Z)。

在本书中，加入了主动线索，在采集的时候给物体打上条纹光，从而能够更好、更快地进行立体匹配，提高计算速度和精度。

6.2.3 多次采集的数据拼接

一次采集所得到的点只是从一个角度能看到的点，若要把物体的整体都重构出来，需要进行多角度的多次采集，把采集结果拼接在一起，才能构成目标物体的整体模型。这需要在各个采集结果中，找到对应于物体上相同点的采集点，才能把它们拼接在一起。

在本书中，为了便于多次采集结果拼接，在物体上采用粘贴特征点的方式。在扫描前，先在物体上粘贴少量的特征点，如圆形小纸片。在多次采集的过程中，当前扫描只是前一次的微小变化时，特征点可以迅速识别并匹配到。

6.2.4 模型数据后处理

由于采集设备的精度问题、环境的干扰等因素，由图像序列重建出的模型，不可能保证已经能够满足各种需求，模型表示方式可能比较粗糙，这主要体现在模型表面的噪声以及结构的复杂性。三维模型一般是以网格的形式表示，网格中三角片数目的多少，对模型显示的速度以及模型的存储有非常大的影响，而复杂的模型表示并不是任何时候都是实用的。网格的正确表示也直接影响到纹理映射的结果，这需要对扫描得到的模型进行网格处理。

重建出来的模型不可避免地存在各种噪声，因此需要在满足几何精度要求的前提下，对模型进行光顺调整，以消除噪声。另外，重建过程中总是希望新建模型的三角片的数量尽可能少，这样一方面不仅满足了重建的速度需要，也有利于纹理映射工作的展开。其次，三角网格模型中难免存在一些狭长的三角片，这也将影响纹理映射的精确性。

现在本书主要对模型进行网格平滑和网格简化。

1. 网格平滑

平滑算法采用了最基本的拉普拉斯平滑算法，该方法快捷有效。拉普拉斯平滑算法的基本思想是将网格中的每个顶点移向其周围领域重心的位置。算法的基本原理可以简述为对于网格中的每个顶点，定义一个算子

$$\Delta P = \frac{1}{\sum_i w_i} \sum_i w_i (V_i - P) \tag{6.3}$$

式中：V_i 为 P 的一邻域的网格点，$w_i > 0$（在这里取 $w_i = 1$），对网格上所有顶点 P 都用以下公式计算所得的新点来取代。

$$P_{\text{new}} = P + \lambda \Delta P \tag{6.4}$$

式中：λ 为一个很小的正数。不断迭代求解，网格曲面就会趋于平滑。

2. 网格简化

对于简化算法，这里采用边折叠算法。该算法的基本思想是按一定的准则折叠由曲面重建方法建立起来的网格中的一条边。具体做法是将选定边的两个端点合并为一个点，同时保持原来网格顶点之间的连接关系不变。Garland 在 1997 年提出了一种经典的二次误差矩阵（Quadric Error Metric，QEM）的折叠网格边的简化算法。在进行多次的选择性边折叠后，三角面片就可以被简化到我们想要的任何程度了。QEM 算法误差测度是基于顶点到平面的距离平方和，该算法速度快，是一种非常有效的化简算法。

三维重建不单单指模型形状的重构，纹理也是识别物体的一种重要形式，纹理是区分物体的重要指标。三维重建的过程中，为模型表面添加上现实世界中物体的纹理，可使三维模型更加生动，更加逼真。

在真实感图形学中，为了使模型具有视觉上的真实感，常常在一个纹理空间上预先定义一个纹理图案，通过某种映射算法建立物体表面的点和纹理空间点的对应关系将纹理覆盖到三维表面上，对三维表面进行渲染，这一过程就称为纹理映射。模型是三维的，而纹理存在于二维的图像中。如何在重构生成的物体网格模型上贴上一个真实的纹理就是纹理映射要解决的问题。

由于本文的纹理映射是建立在多幅图片上，我们需要重点解决的是如何将存在于不同图片中的纹理信息组织起来。一个简单的方法是：将这些拍摄到的纹理图像直接保存起来，同时每个顶点保留包含这个顶点纹理信息的图像标号和相对应的纹理坐标。但这样存在两个问题：拍摄到的图片中有大量的无用信息，全部储存会浪费许多纹理存储空间；若是相邻两个顶点用的纹理信息不是取自同一图片，则会造成物体表面不连续的现象。因此需要将图像中有用的信息提取出来，用一张纹理图片进行表示。这部分工作包含两个基本步骤：第一步是要建立几何模型与图像之间的纹理对应关系；第二步则是根据几何模型与各幅图像之间的纹理对应关系进一步合成全局纹理图。

6.3　三维图形数据采集的软硬件环境

三维图形数据采集主要需要两个方面的软硬件配备：①负责采集数据的三维扫描仪相关；②用户用于控制的操作主机，即一台拥有相应配置的计算机。

6.3.1　三维扫描仪的配备

三维扫描仪相关的软硬件配备具体如下：

（1）Holon3DS 拍照式三维扫描仪；

（2）Holon3DS 配套软件；

（3）摄像头驱动；

（4）加密狗：Holon3DS 配套软件使用需要；

（5）标定板：用于收集当前三维扫描仪的参数；

（6）三角架：用于摆放物体。

6.3.2　操作主机的配备和连接

操作主机相关的软硬件配备具体如下：

（1）Windows XP 系统；

（2）三个 USB 接口：两个接扫描仪的摄像头，一个接加密狗；

（3）独立显卡：配套软件在集成显卡上运行，可能会出错；

（4）两个视频输出接口：一个用于显示软件窗口，另一个用于显示投影。这两个输出是要显示不同的内容，是以扩展形式输出。

各部件的组合与连接可按图 6.2 所示进行。其中，白实箭头表示有实体线或接口相连，而黑虚箭头是通过拍摄或投影来实现。其他电源线等未绘出。

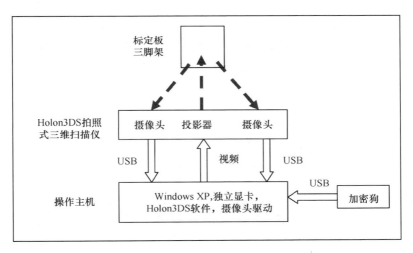

图 6.2　各部件的组合连接关系图

6.4　操作主机的安装和设置

6.4.1　软件安装

在一台具备前述配置的计算机上安装如下软件。

（1）安装 Windows XP 系统。现有 Holon3DS 配套软件在 Win7 上运行不正常。

（2）安装 Holon3DS 配套软件（下称扫描软件）。

（3）安装摄像头驱动——相机驱动 1351。注意：某些杀毒软件会认为该驱动安装文件含病毒。

6.4.2　系统设置

依照前面的组合连接关系图连接好系统，打开投影装置和摄像头的镜头盖，按如下步骤启动系统。

（1）开启操作主机系统。

（2）打开扫描仪电源。通常投影装置默认复制主机屏幕内容。这时，需要进行设置，把投影仪显示的内容设成是主机屏幕的扩展。具体操作过程如下：

① 在主机桌面上单击鼠标右键，点选"属性"栏，如图 6.3 所示。

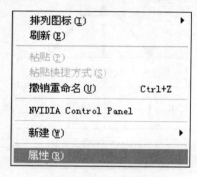

图 6.3　选择属性

② 单击"设置"，进行相关的扩展、分辨率及投影频率设置即可，如图 6.4 所示。

在显示器"2"图标上，单击鼠标右键，选择"辅助"，确认扩展显示器的显示设置为"NVIDIA Geforce 7600 GS 上的默认监视器"（不同计算机系统，型号可能不一样），屏幕的分辨率为 1280×1024 像素（分辨率如果不是这个设置，可能会导致后面投影的时候，参考中心点"+"符号不在中心），点选"将 Windows 桌面扩展到该监视器上（E）"前面的方框。方框内出现对勾，表示已经点选。

③ 我们还需要对主机的一些参数进行一些设置，选择"高级（V）"选项，点选"监机器"，将"屏幕刷新频率"设为 60 赫兹，如图 6.5 所示。

完成上述设置，投影结果应该和主机屏幕不一样了。

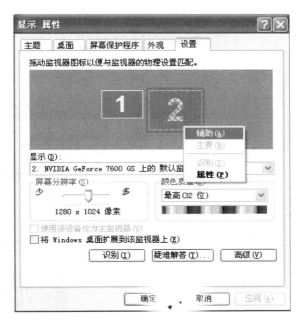

图 6.4　显示属性面板设置

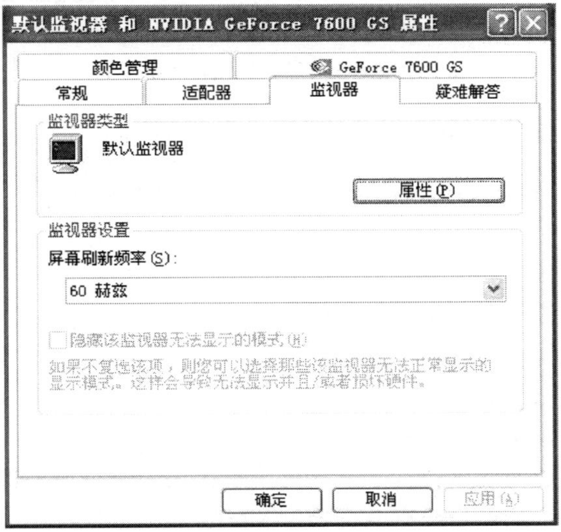

图 6.5　屏幕刷新频率设置

6.5 扫描和标定的具体操作过程

打开扫描软件。扫描软件的操作界面，如图 6.6 所示。

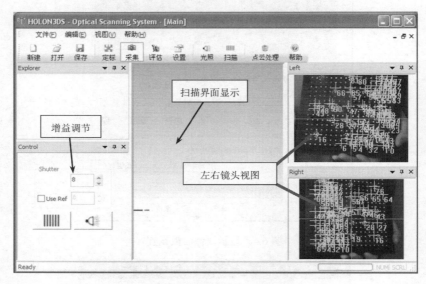

图 6.6　扫描软件操作界面

6.5.1 扫描前准备

连接好各个设备，如果在上一次正常的扫描之后，进行过以下操作：

（1）摄像头重新安装；

（2）调整任意一个摄像头镜头；

（3）测量时参考点测量不出来；

（4）室温显著变化（如超过 10℃）；

（5）怀疑摄像头有变动。

那么，还需要进行标定，计算出摄像头的所有内外部结构参数。

目前使用的标定板有两大类型和配套的多种规格尺寸：一种是一块印有白色点阵的平板，如图 6.7 的标定板，适用于 400mm×400mm

扫描幅面。标定时，标定板按图示方向放置。标定板须保持干净，不能污损，圆点的边界不能缺损。

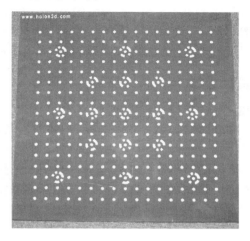

图 6.7　标定板

对于 400mm×400mm 及以下的扫描幅面，采用标定板进行标定。

标定算法采用平面模板十三步法进行标定，所谓十三步法就是在系统的标准测量距离下，依次采集十三个不同方位的模板图像，进行标定。

6.5.2　标定前准备

其中 400mm×400mm 幅面的标准测量距离为 1000mm。理论上，扫描仪的扫描方向可以和地面成任何角度，但是为了在标定过程中，方便前后移动标定板，可以考虑把扫描方向定为水平方向。为了调整好各个设备之间的距离和朝向，标定前，可把标定板当物体，把它垂直于观察线（方向和位置）在距离扫描仪 1m 的地方"正放"好。

打开投影光栅，投影会自动投白光到标定板上。特殊情况下，也可以关掉投影灯，利用自然光来照明。采用投影灯时，投影光线要覆盖所有的白点。

打开摄像功能（安装好相机驱动后，打开扫描软件就会自动打开），观察左右摄像头视图区的图像，如果太暗，要增加亮度或调节软件增益，先使最亮点的图像变成红色，然后再略微减少图像亮度，使红色刚好消失。

经过多次实践经验，为了能够更容易地标定，在扫描仪前方保留大于 1.5m 的空间，投影器到标定板的距离大约为 1m，投影中心和标定板中心重合，摄像中心和标定板中心重合。调整好后，紧固相机的镜头。这个调整过程很重要，它会影响到后面的标定结果，以及扫描结果。

6.5.3　标定具体步骤

采用平面模板十三步法进行标定，标定步骤如下。

这里以 400mm×400mm 大小的标定板为例，其他尺寸的标定板可以进行类似操作。

（1）单击"菜单栏"上的"设置"选项，选择系统适配的标定板的幅面，手动输入该幅面的标定参数，具体数据见标定板背面，如图 6.8 所示。

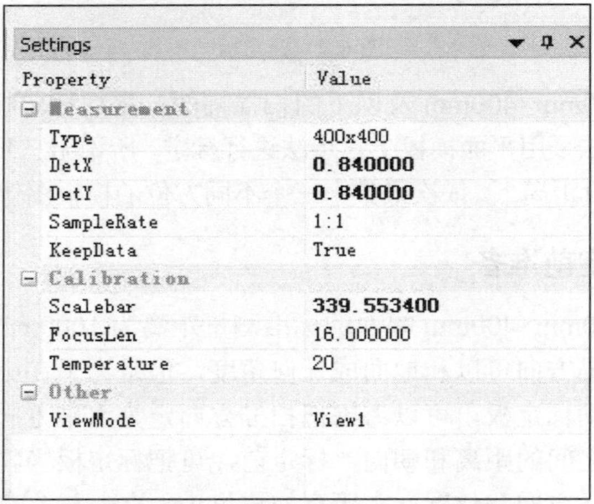

Settings	▼ ⏽ ✕
Property	Value
⊟ Measurement	
Type	400x400
DetX	**0.840000**
DetY	**0.840000**
SampleRate	1:1
KeepData	True
⊟ Calibration	
Scalebar	**339.553400**
FocusLen	16.000000
Temperature	20
⊟ Other	
ViewMode	View1

图 6.8　标定幅面选择具体

（2）数据设置好后，通过菜单栏中的"定标"命令进入标定选择界面，页面图像提示了标定板的摆放方法，如图 6.9 所示。

（3）将投影中心十字对准标定板的中心编码标志点，观察上下摄像头视图区的图像，调节亮度到合适程度，单击"Snap"按钮，不同测量幅面的提示不同，如图 6.10 所示。

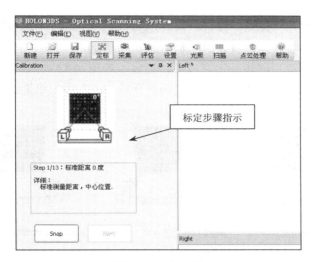

图 6.9　标定向导

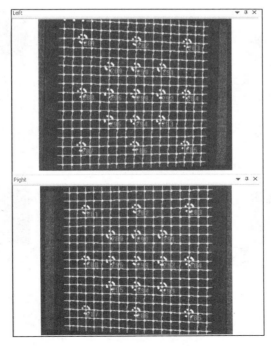

图 6.10　编码点识别

（4）单击"Next"按钮，依次完成如下的十三步不同角度、不同距离的标定步骤。各步骤的图示如图 6.11 所示。

（5）当最后一步标定完成后，会显示如图 6.12 所示界面，单击"Finish"按钮，系统会认为本次标定有效，进入标定结果的计算。

Step1/13：标准距离 0°
详细：
标准测量距离，中心位置

Step2/13：近景深 0°
详细：
靠近 1/3 测量范围，近景深位置

Step3/13：远景深 0°
详细：
远离 1/3 测量范围，远景深位置

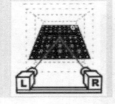

Step4/13：标准距离 0°
详细：
向上倾斜 40°，中间位置

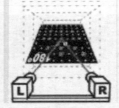

Step5/13：标准距离 180°
详细：
向下倾斜 40°，中间位置

Step6/13：左 180°
详细：
面对左相机，中间位置

Step7/13：左 270°
详细：
面对左相机，中间位置

Step8/13：左 0°
详细：
面对左相机，中间位置

Step9/13：左 90°
详细：
面对左相机，中间位置

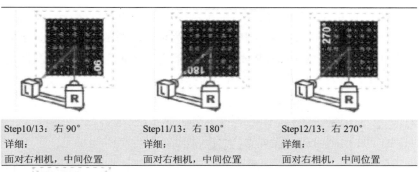

Step10/13：右 90°	Step11/13：右 180°	Step12/13：右 270°
详细：	详细：	详细：
面对右相机，中间位置	面对右相机，中间位置	面对右相机，中间位置

Step13/13：右 0°
详细：
面对右相机，中间位置

图 6.11　各步骤的图示

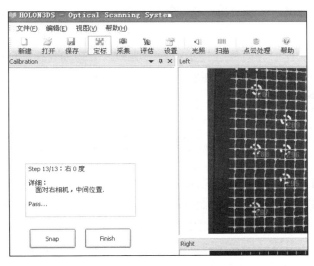

图 6.12　标定完成最后一步

（6）单击"Finish"按钮后会出现类似如下的对话框——标定结果，如图 6.13 所示。中括号中的 6 个值为标定所得的参数，同时结果也给出标定极差（Camera RMS）。此时单击"确定"按钮，此次标定结果将保存到程序中作为系统的当前标定参数。

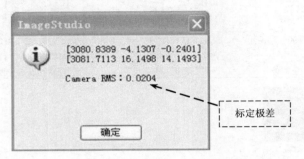

图 6.13　标定结果显示

6.5.4　标定结果分析

标定完成，计算机在数秒内会在屏幕上显示出标定极差（RMS）来。极差越小，表示标定结果越准确。标定小于 0.05 就可以接受。如果标定结果太大，系统会提示标定失败（偏差较大），必须重新进行标定。

标定过程中有时候会提示"检测失败"，造成此结果的原因有以下几点：①高度不对；②亮度不够；③标定板放置位置不对，左右镜头没有完全看到。

6.6　扫描及后处理

扫描之前，按照如图 6.14 箭头所指，开始采集。注意：第一幅扫描时，物体上一定会出现绿色编号点，以便后续扫描自动拼接。

第一幅完成扫描后，如图 6.15 所示放置物品，图中绿色点表示已经识别的标志点，作为自动拼接用；蓝色点部分表示还没有扫描。单击"扫描"，如图 6.16 所示。

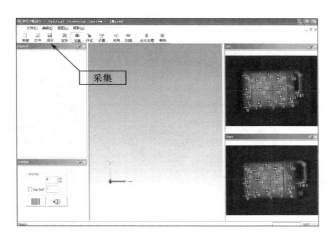

图 6.14　开始采集

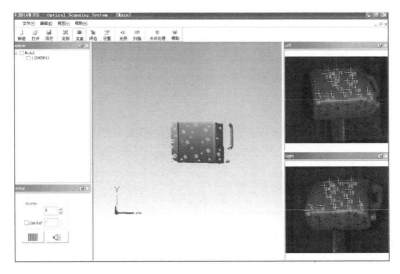

图 6.15　拼接指示

　　按照上述思路扫描完成以后，单击菜单栏中的"点云处理"，进入如图 6.17 所示的界面。

　　然后单击"操作"菜单，依次单击"全局优化""点云融合""点云平滑"命令，处理完成后，保存点云为"PLY"格式。

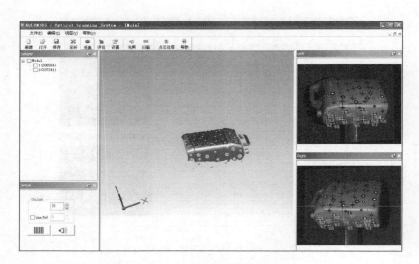

图 6.16　扫描与拼接

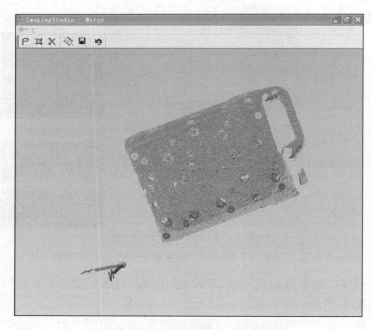

图 6.17　扫描所得点云

得到 PLY 格式三维模型文件后，就可以通过 3DMax、MeshLab 等软件打开显示或编辑，还可以使用 DirectX3D 或 OpenGL 编写 3D 程序，构造一个 3D 虚拟场景，把扫描所得的模型放到里面显示。

6.7　常见故障的排除方法

1．不能打开 HOLON3DS 测量软件

检查用于系统加密的加密狗是否安装，若无安装，此时 HOLON3DS 软件将在后台运行，通过任务管理器（Ctrl+Alt+Delete）可以查看并关闭。

2．软件无法启动测量头

此时应检查以下项目：

（1）确认控制盒电源开启，电源开启后电源指示灯亮；

（2）确认光栅投影电源开启、VGA 连接良好；

（3）系统的控制线束是否正常连接；

（4）串口设置是否正确。

3．投影显示不全

此时应检查以下项目：

（1）确认投影镜头无遮挡；

（2）扫描模式参数是否设置正确。

4．测量扫描的点云质量不佳

此时应检查以下项目：

（1）现场是否处于强光照、热对流剧烈的环境下；

（2）测量扫描对象表面是否反光或者为深色（黑色）；

（3）系统测量时是否在合适的距离或者投影系统的焦距是否调节在最佳状态；

（4）测量扫描过程中是否有振动。

5．无法识别标志点

请调校检测相关参数后重新标定。

参 考 文 献

[1] Pollefeys M, van Gool L. From images to 3d models. Communications of the ACM, 2002, 45: 50-55.

[2] Potmesil M. Generating Octree models of 3d objects from their silhouettes in a sequence of images. Computer Vision, Graphics, and Image Processing, 1987, 40(1): 1-29.

[3] Szeliski R. Rapid octree construction from image sequences. Computer Vision, and Image Processing, Image Understanding, 58(1): 1993, 23-32.

[4] Teboul O. Shape Grammar Parsing: Application to Image-based Modeling. ECOLE CENTRALE PARIS, Ph.D. thesis, 2011.

[5] 伍燕萍. 基于图像的三维重建[D]. 北京：北京交通大学计算机与信息技术学院，2009.

[6] 马峰. 基于二维图像的三维建模技术的研究[D]. 北京：北京林业大学，2010.

第7章　数字博物馆图像和三维模型的检索

多样性生物博物馆的种类繁多，这些种类通过多种数字媒体采集设备得到多种类型的数字媒体数据将是海量的媒体数据库，为了高效、快捷和方便地将这些博物馆信息展现给浏览者，数据库的检索技术至关重要。除了普通的关键字检索和分类检索外，还应该引入更精确和智能的基于媒体内容的检索技术。这里包括了图像内容的检索和三维模型的检索，这两种技术对于由图像、视频和三维模型数据组成的数字博物馆数据库的管理与检索提供了有效的支持。

7.1　基于内容的图像检索技术概述

基于内容的图像检索（Content-Based Image Retrieval，CBIR）的基本思想是根据图像中所含的色彩、纹理、形状及对象时空相关性等特征，建立图像的特征矢量；根据比对图像之间的多维特征矢量相似性匹配程度得出相应的检索结果。该技术是多领域的融合，包括了计算机视觉、图像处理、图像理解、人工智能、机器学习等。

从图 7.1 给出的典型基于内容的图像检索系统结构框架。从图中可以看出，系统主要由人机接口与数据库检索系统两个部分组成，人机接口负责接收检索输入数据和显示检索结果；数据库检索系统则包括了数据库建立、管理和检索模块，其中数据库建立的核心是特征提取技术，特征提取技术对原始图像进行特征抽取，生成多种特征组成的特征矢量，与图像一起存储在图像库中，形成基于内容的图像数据库。再根据图像对象为单位，将对象特征信息与语义结构相对应，建立语义数据库。图像检索的主要功能是负责与用户接口输入的信息进行相似性匹配，得出检索结果。如果输入的为样本图像，则从图像数据库中提取特征矢量进行相似性匹配，得出相似度的顺序；如果输入的为关键词，则从语义数据库中查询图像对象的语义信息，得到相似度的顺序结果。后面的章节将介绍基于内容的图像检索技术的基础知识和若干关键技术。

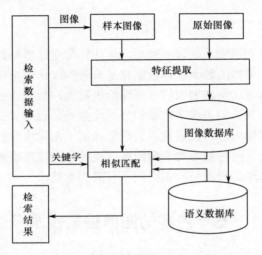

图 7.1　图像检索系统结构框架

7.1.1　颜色特征

由于颜色往往与图像中所包含的物体对象十分相关，通过颜色特征，很容易能区分不同的物体对象，如图 7.2 所示，植物的树叶、花瓣和树枝等具有明显的颜色特征，因此，人们在谈到绿色时往往联想到树木和草原，谈到蓝色时往往联想到大海和蓝天。因此，颜色特征在图像检索中应用最为广泛。此外，与其他的视觉特征相比，颜色特征对图像本身的尺寸、方向、视角的依赖性较小，从而具有较强的鲁棒性。为了正确地对彩色图像进行研究，需要建立颜色模型。在实际应用中常用的颜色模型很多，在图像检索中，主要采用的颜色模型有 RGB、HSI、HSV、CIEL 等。

图 7.2　各种植物的颜色特征

因此，基于颜色的图像表示方法自然就成为一种主要的图像索引技术，并得到相当广泛和深入的研究。鉴于颜色特征在基于内容图像检索中的重要作用，很多基于颜色特征的图像检索算法被提出来。总体来看，基于颜色特征的图像检索算法主要集中在两个方面：全局颜色特征和空间颜色特征。

1．全局颜色特征

全局颜色特征一般利用图像的统计特征和颜色距离特性来描述图像特征。统计特性特征包括直方图和信息熵，其中，直方图是图像处理中表示图像特征最广泛的方法，具有特征提取和相似度计算简单，对于图像尺度、变形和旋转等处理具有不敏感的特性。

f_{xy} 为图像中 (x, y) 位置的像素值，图像的大小为 $M \times N$ 像素，图像所包含的颜色集合为 A，则图像的颜色直方图表示为

$$h(a) = \frac{1}{M \times N} \sum_{i=0}^{M-1} \sum_{j=0}^{N-1} \delta(f_{ij} - a) \tag{7.1}$$

同时，直方图由于只考虑像素的统计特性，未考虑图像的空间局部信息，特征维数过高，对于局部信息较明显的图像不能有效区分。为了降低图像直方图的特征维数，引入了信息熵的概念，采用图像颜色的信息熵表示图像的颜色特征，可将颜色直方图由多维降低到一维，并结合其他的图像特征，解决局部空间特征问题。

图像信息熵的表示：$E(H) = -\sum_{a=1}^{n} h_a \log_2(h_a), \forall a \in A$。

另外一种方法则是将统计特性与低阶矩相结合，采用颜色直方图特征的一阶中心矩、二阶中心矩和三阶中心矩来表示图像的颜色特征，这种方法不需要颜色量化，同时可降低颜色特征的维数。颜色矩模型如下：

一阶矩：
$$u_i = \frac{1}{n}\sum_{j=1}^{n} h_{ij} \tag{7.2}$$

二阶矩：
$$\sigma_i = \left(\frac{1}{n}\sum_{j=1}^{n}(h_{ij}-u_i)^2\right)^{\frac{1}{2}} \tag{7.3}$$

三阶矩：
$$o_i = \left(\frac{1}{n}\sum_{j=1}^{n}(h_{ij}-u_i)^3\right)^{\frac{1}{3}} \tag{7.4}$$

其中：h_{ij} 表示第 i 个颜色通道分量中灰度为 j 的像素数量（或用概率表示），n 表示灰度技术。

2. 空间颜色特征

全局颜色特征忽略了图像颜色的空间局部分布特征，这些局部特征是图像的重要特性，没有了这些特征，将容易造成误检现象。因此，最佳的方案是将全局与空间特征相结合，近年来，提出了一些列直方图的改进方法，如引入图像的边缘信息，即利用像素之间的梯度（拉普拉斯算子），使得边缘部分加强。或是利用局部颜色特征描述，如基于分块的图像分割方法，对于分块区域颜色信息采用直方图、平均颜色和颜色矩等信息来表示。

例如，改进颜色直方图：设 $\Delta(i,j)$ 表示图像中 (i,j) 位置拉普拉斯算子得到的梯度，定义加权颜色直方图：$\bar{h}(a) = \sum_{i=0}^{M-1}\sum_{j=0}^{N-1}\delta(f_{ij}-a)$

136

$\dfrac{1}{1+\Delta(i,j)}, \forall a \in A$，该模型相对于边缘的像素，更强调平坦区域的像素，$\Delta(i,j)$ 计算结果更大。为了加强边缘像素的影响，同时，减弱平坦区域像素的作用，引入了另外一个模型：$\overline{h}(a)=\displaystyle\sum_{i=0}^{M-1}\sum_{j=0}^{N-1}\delta(f_{ij}-a)\Delta$

$(i,j), \forall a \in A$。

7.1.2　纹理特征

纹理特征是一种不依赖于颜色或亮度的反映图像中同质现象的视觉特征。它是所有物体表面共有的内在特性，在生物中，如海洋或陆地动物的毛发与植物的树叶、树皮和花瓣等都具有各自的特有纹理特征，如图 7.3 所示。另外，各种生物物种体形中，关键部位同样具有独特的纹理特征。纹理特征包含了物体表面结构组织排列的重要信

图 7.3　各种植物的纹理特征

息以及它们与周围环境的联系。正因为如此，纹理特征在基于内容的图像检索中得到了广泛的应用，用户可以通过提交包含有某种纹理的图像来查找含有相似纹理的其他图像，以获得搜索的物种信息。由于纹理特征对模式识别和计算机视觉等领域的重要意义，对纹理的分析研究在过去的 30 年中取得了重大的成果。这里将着重介绍在基于内容的图像检索中所常用的那些纹理特征，主要有 Tamura 纹理特征、方向性特征和小波变换等形式。

基于人类对纹理的视觉感知的心理学的研究，Tamura 等人提出了纹理特征的表达。Tamura 纹理特征的 6 个分量对应于心理学角度上纹理特征的 6 种属性，分别是粗糙度（Coarseness）、对比度（Contrast）、方向度（Directionality）、线像度（Linelikeness）、规整度（Regularity）和粗略度（Roughness）。其中，前三个分量对于图像检索尤其重要。接下来就着重讨论粗糙度、对比度和方向度这三种特征的定义和数学表达。

粗糙度： 首先，计算图像中大小为 $2^k \times 2^k$ 个像素的窗口的平均像素值：

$$A_k(x,y) = \sum_{i=x-2^{k-1}}^{x+2^{k-1}-1} \sum_{j=y-2^{k-1}}^{y+2^{k-1}-1} g(i,j)/2^{2k} \qquad (7.5)$$

式中：$k = 0,1,\cdots,5$，而 $g(i,j)$ 是图像中 (i,j) 位置的像素值。接着，计算每个像素相对于水平和垂直方向互不重叠的窗口分块之间的平均像素差。

水平方向：$E_{k,h}(x,y) = \left| A_k(x+2^{k-1},y) - A_k(x-2^{k-1},y) \right|$

垂直方向：$E_{k,h}(x,y) = \left| A_k(x,y+2^{k-1}) - A_k(x,y-2^{k-1}) \right|$

在以上公式中，每个像素选出 E 值达到最大时（垂直或水平方向）的 k 值作为最佳尺寸来计算整幅图像平均值：

$$F_{crs} = \frac{1}{M \times N} \sum_{i=1}^{M} \sum_{j=1}^{N} S_{best}(i,j) \qquad (7.6)$$

式中：$S_{best}(x,y) = 2^k$，k 为以上达到 E 值最大时的值。

对比度： 对比度是通过对像素值分布情况的统计得到。即通过四

138

次矩和方差得到，对比度模型：

$$F_{con} = \frac{\sigma}{\alpha_4} \qquad (7.7)$$

式中：$\alpha_4 = \dfrac{u_4}{\sigma^4}$ 和 σ 为像素值方差。

方向度：方向度需要计算每个像素的梯度向量，并通过梯度向量构造直方图，再根据预直方图峰值来判决图像的总体方向性。

梯度向量计算：

$$|\Delta G| = (|\Delta_H| + |\Delta_V|)/2$$
$$\theta = \arctan(\Delta_V / \Delta_H) + \pi/2$$

式中：Δ_H 和 Δ_V 分别通过方向算子得到，即

$$
\begin{array}{ccc}
-1 & 0 & 1 \\
-1 & 0 & 1 \\
-1 & 0 & 1
\end{array}
\qquad
\begin{array}{ccc}
1 & 1 & 1 \\
0 & 0 & 0 \\
-1 & -1 & -1
\end{array}
$$

通过离散化后的 θ 值得到每个 bin 值，相对应的 $|\Delta G|$ 大于给定阈值的像素数量，则表现出明显的方向性。

当图像以上在空域里的几个特性未能体现明显的纹理区别的时候，一般采用变换域的处理。将空域像素映射到变换域之后，将呈现出明显的问题特征差异，这方面最有效的变换是小波变换。小波变换是将原始信号分解为一系列的基函数 $\psi_{mn}(x)$，m 和 n 为整数。这些基函数都是对母函数 $\psi(x)$ 直接转换得到，即 $\psi_{mn}(x) = 2^{-m/2}\psi(2^{-m}x - n)$。

因此，图像信号可用基函数的叠加表示为

$$f(x) = \sum_{m,n} c_{mn}\psi_{mn}(x)$$

二维小波变换则是分层递归的进行过滤和采样处理，即在每个层次上，信号均被分解为四个子频带，根据频率特征成为 LL、LH、HL 和 HH。一般采用金字塔和树状结构小波变换进行分解纹理分析处理。对于不同层次分解的频段，计算复杂度和纹理特征区分度也不一样，进行每一层的分解，均要利用得到的每个频段的能量分布来分析纹理特征，如均值和标准方差，得到明显的差异来判决不同的纹理特征。

7.1.3 形状特征的提取

　　物体和区域的形状是图像表达和图像检索中的另一个重要的特征。但不同于颜色或纹理等底层特征，形状特征的表达必须以对图像中物体或区域的分割为基础。但是，当前的分割技术无法做到准确而鲁棒的自动图像分割，图像检索中的形状特征不能达到预期的效果，当前最好的方法是和以上两种或多种特征结合，用于某些特殊应用，动植物的特征则是最好的应用。因为，动植物体颜色、纹理和形状特征是最能表达物体的差异的特性，采集的图像中包含的物体或区域可以直接获得以上几种特征。另一方面，由于人们对物体形状的变换、旋转和缩放主观上不太敏感，合适的形状特征必须满足对变换、旋转和缩放无关，这对形状相似度的计算也带来了难度。

　　通常来说，形状特征有两种表示方法，一种是轮廓特征的，另一种是区域特征的。图像的轮廓特征只用到物体的外边界，而图像的区域特征则关系到整个形状区域。这两类形状特征的最典型方法分别是傅里叶描述符和形状无关矩。在下文中将详细介绍这两种方法，同时还简单介绍了其他的形状特征。

7.2　基于三维生物模型形状分布的检索方法

　　目前三维模型检索主要应用在生物分子模型检索、机械零件模型检索和其他模型方面，针对生物分子模型检索的文献很少，如何把生物分子模型检索应用于数字博物馆是一个三维模型检索系统的一个重要研究方向，基本的原理框架与图像检索的结构一样，基本流程是特征提取、特征比对和结果输出，三维生物模型的主要特征是形状特征，即通过提取随机点，计算点之间的距离得到形状特征，利用直方图和直方图相似性来判决模型相似结果。

7.2.1 提取随机点

　　采用计算曲面上随机产生的两点间的距离作为形状分布函数，整个模型是由三角面片 $T=\{t_1, t_2, \cdots, t_k\}$ 构成的，因此整个模型的三角面片个数及三角形的各顶点坐标可以方便地获取。

（1）读取 T 到内存，如果存在四边形，则将其转化为三角形。

（2）计算所有三角形的面积 $A(ti)$，ti 属于 T，对于顶点为 (A, B, C) 的三角形面积可以通过 Heron 公式求得，$A(t_i)=\sqrt{s(s-\|AB\|)(s-\|BC\|)(s-\|CA\|)}$，$s$ 表示三角形周长的一半。

（3）将三角形面积存入累计数组 TA。

在模型表面产生随机点 n，产生一个随机值，取值范围是 O 到整个累计面积，然后使用折半查找找到这个随机值所在的三角形，再以这个三角形的重心为选定的随机点。对于选取随机点的个数 n，我们选取的是 1024 个点（经证明实验证明已经可以达到较好的区分效果），计算这些点对的几何距离的时间复杂度为 $O(n^2)$，也就是说，在构建形状直方图时分析的点对个数是 523776。

7.2.2　构建直方图

（1）得到所有点对之间的集合距离，存入数据 $d[i]$；

（2）通过 $d[i]$ 得到距离的平均值 $\bar{d}$，基于该平均值作为直方图的横坐标；

（3）以每一点对距离在总距离长度中出现的次数作为纵坐标，构建形状分布直方图。

7.3　相似性度量方法

相似性度量方法用于度量两幅图像的相似程度。由于相似性度量方法依赖于具体的底层图像特征，因此其模型多种多样，没有哪一种适用于所有情况。目前用于图像检索的相似性模型包括视觉相似性模型和距离度量模型。

7.3.1　视觉相似性模型

设 d 为距离函数，A, B, C 为任意的特征向量，通常情况下，距离度量函数应受以下四条公理的限制。

（1）自相似公理：$d(A, A) = d(B, B) = 0$

（2）最小公理：$d(A, B) \geqslant d(A, A) = 0$

（3）对称公理：$d(A, B) = d(B, A)$

（4）三角不等式公理：$d(A, C) \leqslant d(A, B) + d(B, C)$

7.3.2 距离度量模型

设 a、b 是两幅图像对应的特征矢量。

1. Minkowsky 距离

Minkowsky 距离是基于 L_p 范数定义的，$L_p(A, B) = [\sum\limits_{i=1}^{n} |a_i - b_i|^p]^{\frac{1}{p}}$

如果 $p=1$，$L_p(A, B)$ 称为城区距离：$L_p(A, B) = [\sum\limits_{i=1}^{n} |a_i - b_i|]$

如果 $p=2$，$L_p(A, B)$ 称为欧氏距离：$L_p(A, B) = [\sum\limits_{i=1}^{n} |a_i - b_i|^2]^{\frac{1}{2}}$

2. 余弦距离

余弦距离计算的是两个向量间方向的差异，距离定义如下：

$$A \bullet B = A^{\mathrm{T}} B = |A| \bullet |B| \cos\theta$$

$$d_{\cos}(A, B) = 1 - \cos\theta = 1 - \frac{A^{\mathrm{T}} B}{|A| \bullet |B|}$$

其中：
$$|A| = (A^{\mathrm{T}} A)^{\frac{1}{2}}, \quad |B| = (B^{\mathrm{T}} B)^{\frac{1}{2}}$$

相关系数是度量两个向量之间线性关系相关程度的量。其表达式为

$$\rho(A, B) = \frac{\sum\limits_{i=1}^{n} (a_i - \overline{a})(b_i - \overline{b})}{\sqrt{\sum\limits_{i=1}^{n} (a_i - \overline{a})^2 \sum\limits_{i=1}^{n} (b_i - \overline{b})^2}}$$

采用相关系数表示两个向量之间的距离则表示为

$$d_\rho = 1 - \rho(A, B)$$

其中：$\overline{a} = \dfrac{1}{n} \sum\limits_{i=1}^{n} a_i$，$\overline{b} = \dfrac{1}{n} \sum\limits_{i=1}^{n} b_i$。

7.4 检索结果的评价准则

在进行图像检索时往往需要选择一种或多种最有效的特征描述方法和相似性度量方法，这就需要对不同的图像特征或特征组合以及不同的相似性度量方法的检索效果进行全面的评价，比较不同方法的性能，找出最好的方法。但是，由于图像检索具有很强的主观性，因此，评价一个图像检索算法性能的优劣并不容易。下面列举的是两个公认的图像检索系统的评价准则。

7.4.1 查准率和查全率

查准率和查全率是目前基于图像检索系统中广泛应用的评价准则。查准率的含义是在一次查询过程中，系统返回的相关图像数目占所有返回图像数目的比例。查全率则是指系统返回的查询结果中相关图像数目占图像库中所有相关图像数目（包括返回的和没有返回的）的比例。

查准率：recall = n/N

查全率：precision = n/T

式中：N 为人眼主观从图像数据库中找出与查询图像相似的图像数目；n 为一次查询中检索系统检索的相关图像数目；T 为检索系统自动检索输出的总的图像数目。

这两个指标越大，表明该检索系统的效果越好。一般说来，这两个指标相互矛盾，当要求精度较高时，查全率较低，反之亦然。因此，一般的检索系统只要求在这两者之间达到一个最优的平衡点，就认为达到了较好的检索性能。因此，可以统计多幅查询图像的平均查准率和查全率，直接分别用它们来衡量图像检索算法的性能，也可以使用查准率对查全率的曲线来评价算法的性能。

7.4.2 命中准确率

查准率和查全率需要用户在图像库中人工找出与查询图像相似的图像集，这将耗费大量的人工劳动，因此这种度量准则对于较小型的图像数据库比较合适。如果图像库测试集已经提前进行了分类，如 Corel Image Gallery 等类型的数据库，就可以简单地将每一个图像类型作为其中每一幅图像的相关图像，由此来度量算法的检索准确率。设图像 q 所在的相关图像集为 G，图像检索算法自动输出了 T 个相似图像，其中命中 G 的有 n 幅图像，此次检索的准确率定义为

$$P_T = \frac{n}{T} \times 100\%$$

由此，平均多个查询的检索准确率就可以度量算法的检索性能。

参 考 文 献

[1] Swain M J, Ballard D H. Color indexing[J]. Intl. J. on Computer Vision, 1991,7(1): 11-32.

[2] Stricker M, Orengo M. Similarity of color images[C]. In: Proceedings of SPIE Storage and Retrieval for Image and Video Database, 1995, 2420:381-392.

[3] 李向阳，庄越挺，潘云鹤.基于内容的图像检索技术与系统[J]. 计算机研究与发展，2001, 38(3): 344-354.

[4] Smith J R, Chang S F. Automated binary texture feature sets for image retrieval[C]. In Proc. ICASSP, Atlanta, 1996, 4: 2239-2242.

[5] Tamura H, Mori S, Yamawaki T. Texture features corresponding to visual perception[J]. IEEE Trans. on Sys. Man and Cyb., 1978, 8(6): 460-473.

[6] Lain A, Fan J. Texture classification by wavelet packet signatures[J]. IEEE Trans. on PAMI, 1993, 15: 1186-1191.

[7] Chang T, Kuo C. C. J. Texture analysis and classification with tree-structured wavelet transform[J]. IEEE Trans. on Image Processing, 1993, 2: 429-441.

[8] Santini S, Jain R. Similarity match[J]. IEEE Trans. On PAMI, 1996, 18(9): 946-958.

[9] Zhang D S. Image Retrieval Based on Shape[D], PhD Thesis, Monash University, March, 2002.

[10] Manjunath B S, Ohm J R, Vasudenvan V V, et al, Color and texture descriptors[J]. IEEE Trans. On CSVT., 2001, 11(6): 703-715.

[11] 朱晓东. 数字博物馆关键技术研究[D]. 西安：西北大学，2004.

第8章 数字展品的数据安全 管理方案

8.1 引 言

近年来，随着网络和多媒体技术的迅速普及，包括图像、音频、视频、动画等多媒体信息的传播日益广泛和频繁。但同时，也为盗版者非法占有和传播数字化数据制品提供了方便，数字化数据制品的产权保护问题在这样的背景下日渐突出。

网络技术和多媒体技术的迅速发展也为我们建立生物多样性数字博物馆带来了一系列的方便和好处，但同样也产生了一系列对处于网络环境中的数字博物馆中的数字展品的保护问题。由于数字化数据可以方便地被复制、存储，甚至重新生成，数字博物馆中的数字展品就可能面临着被随意复制、散播、篡改、被非法获取以及版权被侵犯等一系列问题。为了防止这一系列安全问题的发生，数字水印技术是一种很好的选择。

本章对生物多样性数字博物馆中数字化数据的安全管理给出了一个完整的安全管理方案。

8.2 数字水印技术概述

1. 数字水印

数字水印技术是 20 世纪 90 年代兴起的一门新兴的技术，它作为信息隐藏技术的一个重要分支，以及其对数字产品的保护简单有效，而越来越受到人们的重视。它通过在数字产品中嵌入有特定意义的信息，来证明载体数据的作品所有权和完整性，也可通过对嵌入在载体信息中的水印进行检测与分析来确保信息是否有效，从而也可成为一个数字产品版权保护的手段。

由于数字水印并没有改变被保护信息的原始属性，而是让水印信息与载体信息隐藏嵌入式融合，因此不用担心传统密码学将信息解密后就失去保护的弱点；另外，因为数字签名技术无法一次性嵌入大量的信息，而因为水印信息一般和载体信息属性是相同的，使得水印信息的信息量相对来说比较大。种种优点让数字水印成为当今信息安全研究的热点，因此数字水印也用于生物多样性数字博物馆中数字化数据的安全管理。

2．数字水印的特点

数字水印在技术各个应用领域的要求都是不一致的，数字水印在网络版权保护中应具有以下特性。

（1）鲁棒性。鲁棒性是指对水印载体（嵌入水印的载体）进行破坏操作都难以擦除水印，如水印载体在经受网络传输、噪声环境、扫描等模数和数模转换之后，水印一样能检测出来。

（2）安全性。安全性是指在载体数据中隐藏的水印信息是安全的，不能轻易地被攻击者篡改和伪造。

（3）不可感知性。不可感知性是指在水印嵌入载体后，在人的感官范围内不被察觉有水印的存在，并且不影响被保护的宿主数据的质量。

（4）可证明性。可证明性是指数字水印能为保护载体数据的归属提供安全可靠的证据。

3．数字水印分类

在技术层面上，数字水印可有如下一些分类：

（1）按水印加载域分类有空域水印、变换域水印等；

（2）按水印特性分类有脆弱水印和鲁棒水印；

（3）按水印应用领域分类有版权保护水印、拷贝保护水印、篡改检测水印、票据防伪水印等；

（4）按水印内容可分为有意义水印和无意义水印；

（5）按水印载体分类有文本水印、图像水印、视频水印、音频水印、三维水印等。

8.3 典型的数字水印算法

通常，在数字水印技术中有一些典型的技术算法：空域水印算法和变换域水印算法。

8.3.1 空域水印算法

空域水印算法主要是由 L.F.Turner 和 R.G.van Schyndel 等人推出的最低有效位算法（LSB）以及其改进算法。该算法原理是通过调整载体数据中的最低几位来隐藏信息，具体位数根据人的视觉系统或听觉系统来做调整，这种算法可以做到大信息量的嵌入，同时一般人对于隐藏于其中的信息很难有所察觉。该算法保证了水印的不可见性，但其鲁棒性较差，一般的图像压缩处理就可将大量的水印数据除去。

8.3.2 变换域水印算法

变换域水印算法其基本思想是：先将载体数据的信号通过一定方法变换到频域上，之后再向频域中嵌入水印信息，最后对处理过的信号进行反变换，回到载体数据信号层面上，从而形成最终的水印载体。

在变换域水印算法中，比较典型的几个基本算法是基于离散余弦变换（DCT）域水印算法，离散小波变换（DWT）域水印算法等。

1. 离散余弦变换域水印算法

离散余弦变换域水印算法是当前水印研究方向的一个热门点，由于离散余弦变换仅次于正交变换，而且算法相对容易实现，因此 DCT 变换也常用于图像的压缩技术，如国际数据压缩（JPEG）。这也使得 DCT 变换所得到的水印对 JPEG 等压缩攻击有很强的抵抗力，让最后得到的水印载体有较好的鲁棒性。

二维 DCT 变换图像数字水印的基本思想是，首先将图像分为 8×8 的子块，并对每个子块二维 DCT 变换。设 $f(x, y)$表示图像，则二维 DCT 变换的公式为

$$F(0,0) = \frac{1}{N} \sum_{x=0}^{N-1} \sum_{y=0}^{M-1} f(x,y)$$

$$F(u,v) = \frac{2}{N} \sum_{x=0}^{N-1} \sum_{y=0}^{M-1} f(x,y) \cos\left[\frac{(2x+1)u\pi}{2N}\right] \cos\left[\frac{(2y+1)v\pi}{2N}\right] \tag{8.1}$$

式中：u，v=0, 1, 2, …, $N-1$，$F(u,v)$表示 DCT 图像数字水印变换域的高频部分；$F(0,0)$表示 DCT 图像数字水印变换域的低频部分。

进行二维 DCT 逆变换就可以恢复得到原始图像。二维 DCT 逆变换公式为

$$f(x,y) = \frac{1}{N} F(0,0) + \frac{2}{N} \sum_{x=1}^{N-1} \sum_{y=1}^{N-1} F(u,v) \cos\left[\frac{\pi}{2N}(2x+1)u\right] \cos\left[\frac{\pi}{2N}(2y+1)v\right]$$

$$\tag{8.2}$$

式中：x, y=0, 1, 2, …, $N-1$。

经过二维 DCT 变换后，图像的大部分能量信息主要被集中在中低频系数上。水印图像嵌入在低频系数域上具有较好的鲁棒性，而嵌入到高频系数域上具有较好的不可见性，但高频系数域上嵌入水印在图像处理时数据会损失，因而一般不考虑高频域系数嵌入水印信息，而是取折中的中低频域部分作为嵌入系数。

DCT 变换采用"块"的形式进行变换，块的大小可以根据需要确定，通常会选择 8×8 的块。可以将整幅图像看作是一个块进行 DCT 变换，也可以先分割图像为不同的字块独立进行 DCT 变换。DCT 正变换将图像分解到空间频率上，不同的频域系数代表该频率成分在原图像中的比重。

2. 离散小波变换域水印算法

小波变换是现代谱分析工具，它既能考察局部时域过程的频域特征，又能考察局部频域过程的时域特征。小波分析方法是一种窗口大小固定但其形状可改变，时间窗和频率窗都可以改变的时频局部化分析方法。即在低频部分具有较高的频率分辨率和较低的时间分辨率，在高频部分具有较高的时间分辨率和较低的频率分辨率，所以被誉为数学显微镜。正是这种特性，使小波变换具有对信号的自适应性。

3．变换域水印算法的优点

与空域图像数字水印算法相比，变换域图像数字水印算法具有以下优点。

（1）使用变换域图像数字水印算法嵌入的数字水印信号能量分布在频域的各个像素上，有效地保证了图像数字水印的不可见性。

（2）利用人的视觉系统特性（HVS），有效地提高了图像数字水印的鲁棒性。

（3）变换域图像数字水印算法与 JPEG 标准兼容，从而保证了在 JPEG 压缩域内图像数字水印数据不丢失。

8.4 数字水印的基本框架

数字水印技术包括水印嵌入和水印检测两大部分。

1．水印嵌入

设载体为 I，水印为 W，密钥为 K，含水印的载体为 I_w，则水印嵌入过程如图 8.1 所示。

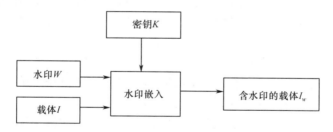

图 8.1 数字水印嵌入过程

为了增强水印的安全性，在水印嵌入前可以对水印进行预处理，如对水印进行加密等。

2．水印检测

水印检测包括水印提取和判断两部分，过程如图 8.2 所示。

水印的提取需要输入含水印的载体 I_w 和密钥 K，除此之外有的还需要输入原始载体 I，这种称为非盲水印；如果水印提取中不需要原始载体参与，则称为盲水印。

149

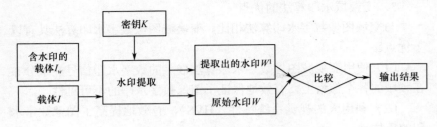

图 8.2　数字水印检测过程

比较的输出结果一般会输出两种结果：一种是输出提取出的水印；另一种是输出是否被检测信息中是否含有指定的水印。

8.5　数字展品的安全需求分析

数字博物馆数字展品共享能为研究人员、专业人员、对展品有兴趣的人从网上方便地收集高质量的展品信息；这种信息共享方式能够使得相关人员对数字展品的欣赏不受时间和空间的限制。但是我们也要保证在网络上所展示的是真实的、没有被篡改的、来源可靠的数字展品。为了保证数字博物馆的数字展品的安全，我们选择数字水印技术来满足这些需求。

数字博物馆中的各种数字展品主要有如下特点。

（1）访问方便。对数字展品的访问突破了空间和时间的藩篱，能在任何时候、在更广阔的范围上网参观，利用方便。

（2）格式丰富。数字展品存在有多种格式，主要有图像、文本、三维模型、视频等。

（3）展示更全面、真实。数字展品的展示方式丰富，角度全面，展示内容逼真。

（3）存在有多种安全问题。数字展品可能面临着被随意复制、散播、篡改、被非法获取以及版权被侵犯等一系列问题。

针对以上数字展品的特点，满足我们生物多样性数字博物馆中数字展品的数字水印必须满足以下特征。

（1）鲁棒性：不因载体数据文件的某种改动而导致水印信息丢失

的能力，这些改变包括常见图像处理如数据压缩、低通滤波、图像增强、二次抽样、二次量化、A/D 和 D/A 转换等；几何变换和几何失真如裁剪、尺度拉伸、平移、旋转、扭曲等；噪声干扰、多重水印的重叠等，而且要能够承受一定程度的人为攻击，而使水印信息不会被破坏。

（2）不可见性（透明性）：水印信息在嵌入到数字展品中后，数字展品应仍能保持原有的质量，数字展品不能因加入了水印信息而变形，不能因为水印信息影响数字展品的视觉效果。

（3）可检测性：在数字博物馆中应用数字水印技术来保护数字展品，主要是为了保护其版权不受侵害，希望能随时检测出数字展品的所有者。

（4）自恢复性：由于经过一些操作或变换后，可能会使原始图像产生较大的破坏，而只从留下的片段数据，仍能恢复出水印信号，而且这种恢复过程不需要原始图像。

（5）水印嵌入的批量处理：数字博物馆有大量的数字展品，希望水印系统对水印的嵌入都能批量进行。

8.6　数字展品的安全解决方案

在生物多样性数字博物馆中的数据是集文档、图像、视频、矢量动画等多种媒体信息于一身的数字化工程，所以对数字化博物馆中数字化展品进行版权和完整性保护，需要综合应用多种数字水印技术。

在项目的数字化数据中，主要的格式是大量的图像以及由全景图生成 Flash 动画，关于数字博物馆中的数字化数据的保护，主要也是针对这两类格式数据的水印技术，即图像数字水印和 Flash 动画数字水印。

8.6.1　图像数字水印及实现算法

因为变换域数字水印算法具有较好的鲁棒性，所以本项目选择离散余弦变换域水印算法作为对本项目数字展品中的彩色图像进行水印保护。

Matlab 平台主要用于矩阵的计算，但是其所涉及的范围相当广，从矩阵代数、微积分、应用数学到图像处理、计算机图形学、信号处理分析、自动控制、通信技术以及神经网络等许多方面。其在科学研究、计算分析、数字模拟仿真实验、信号处理以及图像处理等方面倍受研究者的青睐，在数字水印的研究方面，优势也很明显。

在本项目安全方案中，选择用 Matlab 作为对数字展品加数字水印的平台。

1．水印嵌入算法

在 Matlab 中，将彩色图像当做索引图像或 RGB 图像来处理。一幅 RGB 图像可以看成是由三个称为红、绿和蓝分量图像的三个灰度图像形成的。根据人类视觉系统原理，人眼对三种颜色的感知度不同，其中绿色的分量图像最清晰，也包含了最好的图像细节。根据前人经验，水印在嵌入绿色分量图形时在各方面的表现会更优越，因此，本安全方案选择对彩色图像的绿色分量图像嵌入数字水印。在对彩色图像加数字水印之前，首先需要经过通道分离，提取出三幅分量图像。

在 DCT 变换域算法的水印嵌入过程中，首先原始载体图像通过通道分离，分离出绿色分量图像，再对此分量图像进行 8×8 的分块，并进行 DCT 变换。由于 DCT 变换在低中频上集中了大部分能量，使得 DCT 域算法鲁棒性好。但是过小的分块会使这一优点体现不出来，同时考虑到有损压缩等因素，故采用的是 8×8 分块的 DCT 变换。水印嵌入算法流程如图 8.3 所示。

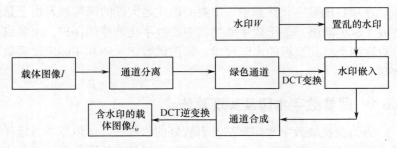

图 8.3　彩色图像 DCT 数字水印嵌入过程

2．水印提取算法

提取水印时需要原始载体图像的参与，故为非盲水印算法。水印的提取流程如图 8.4 所示。

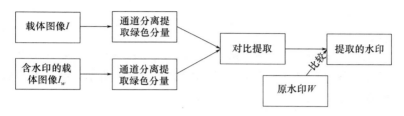

图 8.4　水印提取过程

3．算法实现

```
%水印嵌入
for bx=1:(opH/BlockSize)
    for by=1:(opW/BlockSize)
        Alpha=0.01;
        x=(bx-1)*BlockSize+1;
        y=(by-1)*BlockSize+1;
        if x<=floor(opH/BlockSize)*BlockSize-8 & y<=floor
(opW/BlockSize)*BlockSize-8

Block_dct=op(x:x+BlockSize-1,y:y+BlockSize-1);
        Block_dct=dct2(Block_dct);      %DCT 变换
        if wmr2(bn)==0
            Alpha=-Alpha;
        end
        Block_dct(1,2)=Block_dct(1,2)*(1+Alpha);
        Block_dct(2,1)=Block_dct(2,1)*(1+Alpha);
        Block_dct(3,1)=Block_dct(3,1)*(1+Alpha);
        Block_dct(2,2)=Block_dct(2,2)*(1+Alpha);
        Block_dct(1,3)=Block_dct(1,3)*(1+Alpha);
        bn=bn+1;
```

153

```
              fp(x:x+BlockSize-1,y:y+BlockSize-1)=idct2
(Block_dct);   %DCT 反变换
         end
      end
   end
   figure;imshow(uint8(fp));title('Final');      %嵌入图像显示
```
原水印图像如图 8.5 所示，载体图像如图 8.6 所示，嵌入水印后的图像如图 8.7 所示。

水印

图 8.5 水印图像

图 8.6 载体图像   图 8.7 嵌入水印图像

```
%水印提取
for bx=1:(opH/BlockSize)
    for by=1:(opW/BlockSize)
        x=(bx-1)*BlockSize+1;
        y=(by-1)*BlockSize+1;
        if x<=floor(opW/BlockSize)*BlockSize-8 & y<=floor
(opH/BlockSize)*BlockSize-8
```

154

```
          num=num+1;
          Block_dct_op=op(x:x+BlockSize-1,y:y+BlockSize
-1);

          Block_dct_wmp=wmp(x:x+BlockSize-1,y:y+
BlockSize-1);
          %每块包含1个水印信息
          o=Block_dct_op(1,2);
          w=Block_dct_wmp(1,2);
          if (o-w)>0
             wmr(bn)=1;
          else
             wmr(bn)=0;
          end
       end
       bn=bn+1;
    end
end
```

水印提取后，如图 8.8、图 8.9 所示分别是提取出的水印和原水印。

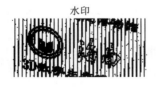

图 8.8　提取出的水印

图 8.9　原水印

8.6.2　Flash 动画的 logo 图像信息隐藏

1．概述

我们项目的数字博物馆在 Web 上的数字展品主要是以 Flash 的形式显示，在安全方案中，主要部分是对 Flash 动画进行有意义的 logo 图像的信息隐藏。

Flash 动画是一种基于矢量图形的、具有交互功能并且集各类多媒体元素、动态效果、用户交互于一体的多媒体动画形式。传统的 Flash 文件的保护方法有嵌入隐藏信息、加密、生成其 exe 文件等，但是这些方法用于 Flash 文件的版权保护是有一定的局限性的，而在数字博物馆中对 Flash 文件主要是防止版权受到侵犯，因此依然选择信息隐藏技术来对其版权及完整性进行保护。

Flash 动画一般有两种类型的文件：

（1）Flash 动画的源文件，以 fla 为扩展名；

（2）由 fla 文件编辑完成后输出的成品 Flash 文件，扩展名为 swf。

本项目的数字展品在网页上展示时，大部分是以 swf 的 Flash 动画文件出现的，所以本方案主要讨论对 swf 动画文件进行保护的方法。

对 swf 动画文件的信息隐藏算法，通常都是通过分析 swf 文件的文件格式，然后在 swf 文件中嵌入隐藏信息的。如在标签中隐藏信息、在动画的帧中隐藏信息、在结束标签后添加额外的标签来隐藏信息、替换动画文件的物件属性来隐藏信息等。

本项目方案选择在 Flash 动画的结束标签之后添加水印图像的信息隐藏算法来对我们数字展品的 Flash 展品进行保护。由于播放器能够忽略结束标签之后的内容，所以在 Flash 动画中要嵌入的某些隐秘信息，可以放在结束标签之后，而这不会影响 Flash 动画的正常播放。

2．信息隐藏和隐藏信息提取原理框图

信息进行隐藏之前，首先要对带隐藏的图像信息进行必要的预处理，预处理过程如图 8.10 所示。

图 8.10　待隐藏的图像信息预处理

对待隐藏的图像信息进行预处理后，就可以按照如图 8.11 所示的步骤将已经进行预处理的图像隐藏于 swf 动画文件中。

隐藏信息的提取流程是信息隐藏的逆过程，其流程如图 8.12 所示。

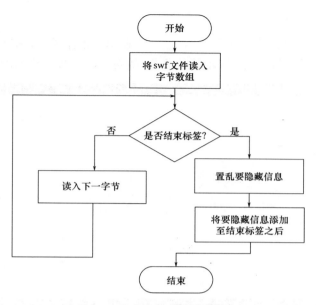

图 8.11　swf 文件信息隐藏流程

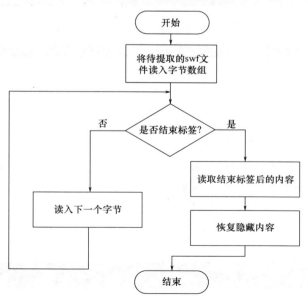

图 8.12　swf 文件隐藏信息的提取流程

3．运行结果

如图 8.13 所示未加入隐藏信息的 swf 动画的截图，如图 8.14 所示是嵌入了隐藏信息的 swf 动画的截图，如图 8.15 是提取出的隐藏信息。

图 8.13　待嵌入隐藏信息的 Flash 动画截图

图 8.14　嵌入隐藏信息后的 Flash 动画截图

图 8.15　提取出的隐藏信息

　　从运行结果可以看出，嵌入 logo 信息图像后的 Flash 动画能够正常播放，当出现版权争议的时候可以通过提取所嵌入的隐藏信息对版权进行证明和保护。

8.7　总　　结

　　本章对生物多样性数字博物馆中数字化数据的安全管理给出了一个有效的安全管理方案，但此安全管理方案依然有许多可以进一步改进和完善的地方。

　　（1）在我们的生物多样性数字博物馆中的展品类型较多，而在此安全方案中只是考虑了最多和最重要的两种格式的展品的保护问题，在进一步的研究中需要对各种类型的展品保护都做出考虑，这样才有可能保证整个系统的安全性。

　　（2）对信息隐藏算法和数字水印算法的实现上可以进一步改进和优化，使得安全方案更加合理和有效。如对 Flash 文件的保护选择在结束标签后隐藏信息，虽然达到了隐藏信息的目的，但是因为文件的大小有比较大的变化，通过一些 Flash 的反编译软件较容易发现其中的隐藏信息。在进一步的研究中可以实现更隐蔽的隐藏算法，如隐藏到 Flash 文件的未知标签中，或者隐藏到 Flash 动画的某些属性中，可起到更好的隐藏目的。

　　（3）由于时间关系，对于展品的批量水印添加还未实现，这对所有展品添加水印带来了很大的麻烦。在进一步的研究中要实现对展品批量嵌入水印。

参 考 文 献

[1] 赵俊玲. 基于 DCT 的数字水印研究[D]. 济南：山东大学，2009, 4.

[2] 孙圣和，陆哲明，牛夏牧，等. 数字水印技术及应用[M]. 北京：科学出版社. 2004: 205-208.

[3] 张华熊，仇佩亮. 置乱技术在数字水印中的应用[J]. 电路与系统学报，2001, 6(3): 32-36.

[4] 傅俊. 基于 DCT 域的静态图像数字水印算法研究[D]. 武汉：武汉科技大学，2008, 4.

[5] 邓华，司瑾，王光宇. 基于 Flash 动画的数字水印设计方法[J]. 电脑编程技巧与维护，2011, (14): 99-100.

[6] 张晓彦，张晓明. 基于 Flash 动画的信息隐藏算法[J]. 计算机工程. 2010, 36(1): 181-183.

[7] 丁光华，刘嘉勇，孙克强. 基于 XML 的信息隐藏方法[J]. 计算机工程，2008, 34(6): 155-158.

[8] 戴明辉. 矢量动画文件的数据结构的分析[J]. 佳木斯教育学院学报，2012, (10): 413-414.

[9] 任石，秦茂玲，刘弘. 矢量图数字水印技术[J]. 计算机应用研究，2008, 24(8): 22-24.

[10] 丁璐. 矢量图数字水印技术研究[D]. 北京：北京交通大学，2010, 6.

[11] 叶雪蕊.在 Flash 动画中隐藏信息的方法研究[D]. 广州：中山大学，2012, 5.

[12] 刘磊. Flash 动画的内容分析与特征提取研究[D]. 济南：山东师范大学，2008, 4.

附录 A
《动物资源》数据采集与处理标准规范

根据国家自然科技平台建设的总体目标，参照国家自然科技平台动物种质资源共性描述规范，以整合全国动物种质资源，规范动物种质资源的收集、保存、鉴定、评价、研究和利用，实现动物种质资源的充分共享和可持续利用，将国家与地方物种数据采集相结合。

A.1 共性描述规范制定原则和方法

A.1.1 原则

（1）既要考虑利用者的需要，也要考虑资源收藏者的实际情况；

（2）结合当前和长远发展需要，以资源共享为主要目标；

（3）优先考虑我国现有基础，兼顾将来发展；

（4）根据统一动物种质资源共性信息、统一描述项目；

（5）要求同存异，讲求实用。

A.1.2 方法

（1）描述符类别分为 6 类：

① 护照信息；

② 标记信息；

③ 基本特征特性描述信息；

④ 其他描述信息；

⑤ 收藏单位信息；

⑥ 共享方式。

（2）描述符编码由描述符类别加两位顺序号组成，如"101"

"202""301"等。

（3）描述符的代码应是有序的。

A.2　共性描述规范

A.2.1　共性描述表（动物种质资源共性描述表护照信息平台资源号）

（1）资源编号。

（2）种质资源名称。

（3）种质资源外文名。

（4）科名。

（5）属名。

（6）种名或亚种名。

（7）原产地。

（8）省。

（9）国家。

（10）来源地。

（11）标记信息资源分类编码。

（12）资源类型。

（13）①野生；②地方；③培育；④引进；⑤其他功能特性。

（14）①高繁殖力；②高生产力；③优质；④抗病虫；⑤抗逆；⑥耐粗饲；⑦耐高温高湿；⑧耐高寒；⑨耐极端干旱；⑩其他主要用途。

（15）①肉、蛋、奶、蜜；②纤维；③役用；④药用与保健；⑤生物防治；⑥观赏、竞技、娱乐；⑦毛皮；⑧其他气候带。

（16）①热带；②亚热带；③暖温带；④温带；⑤寒温带；⑥寒带海拔。

（17）经度。

（18）纬度。

（19）年平均温度。

162

（20）极端平均高温。

（21）极端平均低温。

（22）年平均湿度。

（23）年平均降水量。

（24）生境。

（25）基本特征特性描述信息生活生态习性。

（26）繁殖周期。

（27）性成熟期。

（28）生命周期。

（29）形态特征。

（30）具体用途。

（31）其他描述信息记录地址。

（32）图像。

（33）收藏单位信息保存单位。

（34）单位编号。

（35）保存资源类型。

（36）①活体；②精子；③卵子；④胚胎；⑤细胞；⑥DNA；⑦其他保存方式。

（37）①保护场；②保护区；③基因库；④其他共享方式。

（38）①无偿共享；②部分有偿共享；③有偿共享；④合作研究；⑤交换；⑥保密；⑦其他获取途经。

（39）①邮寄；②现场获取；③其他联系方式。

A.2.2　共性描述规范简表（部分序号类别编码描述符说明）

11101：平台资源号 E 平台统一生成的资源编号，顺序号。

21102：资源编号指动物种质资源的统一全国编号。

31103：种质名称指每种动物种质资源的中文名称。

41104：种质资源外文名指种质资源的外文名称。

51105：科名指种质资源在分类学上的科名。

61106：属名指种质资源在分类学上的属名。

71107：种名或亚种名指种质资源在分类学上的种名或亚种名。

81108：原产地指种质资源的原产地。如县、乡等。

91109：省指种质资源原产省份，GB 行政区代码。

101110：国家种质资源原产国家名称，ISO 国家代码。

111111：种质资源的来源地。

122201：资源分类编码指国家自然科技资源平台资源分级分类与编码标准中的编码。

132202：资源类型指种质资源类型。如野生资源、地方资源、培育资源、引进资源、其他。

142203：功能特性指种质资源的主要特性。如高繁殖力、高生产力、优质、抗病虫、抗逆、耐粗饲、耐高温高湿、耐高寒、耐极端干旱、其他。

152204：主要用途指种质资源的主要特性用途。如肉、蛋、奶、蜜，纤维，役用，药用与保健，生物防治，观赏、竞技及娱乐，毛皮，其他。

162205：气候带指种质资源所属气候带，如热带、亚热带、暖温带、温带、寒温带、寒带等。

172206：海拔指种质资源原产地的海拔。

182207：经度指种质资源原产地的经度。

192208：纬度指种质资源原产地的纬度。

202209：年平均温度指种质资源原产地的年平均温度。

212210：极端平均高温指种质资源原产地的极端平均高温。

222211：极端平均低温指种质资源原产地的极端平均低温。

232212：年平均湿度指种质资源原产地的年平均湿度。

242213：年平均降水量指种质资源原产地的年平均降水量。

252214：生境指种质资源原产地的生境。

263301：生活生态习性指种质资源的生活生态习性。

273302：繁殖周期指种质资源的繁殖周期（妊娠期或生活史）。

283303：性成熟期指种质资源的雌、雄性成熟期。

293304：生命周期指种质资源的活体寿命长短。

303305：形态特征指种质资源的主要形态特征和特性等。

313306：具体用途指种质资源的具体用途。

324401：记录地址提供种质资源详细信息的网址或数据库记录联接。

334402：图像指资源的图像信息。

345501：保存单位指种质资源的保存单位名称。

355502：单位编码指种质资源在保存单位的内部编码。

365503：保存资源类型指保存的种质资源类型。如活体、精子、卵子、胚胎、细胞、DNA、其他。

375504：保存方式指种质资源的保存方式。如保护场、保护区、基因库、其他。

386601：共享方式指无偿共享、部分有偿共享、有偿共享、合作研究、交换、保密、其他。

396602：获取途经指邮寄获取、现场获取、其他。

406603：联系方式包括联系人、单位、邮编、电话、电子邮件等。

A.3 种质资源共性描述规范

A.3.1 本描述规范规定了动物种质资源统一的共性描述符

本描述规范适用于动物种质资源的收集、整理、保存中动物及其遗传物质形态特征的基本描述和基本数据、信息的采集。也适用于动物种质资源数据库和信息共享网络系统的建立。

A.3.2 引用标准下列标准所包含的条文，通过在本标准中引用而构成为本标准的条文

本标准出版时，所示版本均为有效。所有标准都会被修订，使用本标准的各方应探讨使用下列标准最新版本的可能性。

A.3.3 护照信息

（1）平台资源号指国家自然科技资源 E 平台统一生成的资源编号。

（2）资源编号指动物种质资源的全国统一编号。

（3）种质名称指每种动物资源的中文名称。

（4）种质资源外文名指动物种质资源的外文名名称。

（5）科名的种质资源在分类学上的科名。

（6）属名指种质资源指在分类学上的属名。

（7）种名或亚种名指种质资源在分类学上的种名或亚种名。

（8）原产地指种质资源的原产地，如县、乡等。

（9）省指种质资源原产省份，GB 行政区代码。

（10）国家指种质资源原产国家名称，ISO 国家代码。

（11）来源地指种质资源的来源地。

A.3.4　标记信息

1．资源分类编码和国家自然科技资源平台资源分级分类与编码标准中的编码相同

2．种质资源的类型

（1）野生资源指野生动物种质资源或家养动物种质资源的野生近缘种。

（2）地方资源指在家养条件下，经长期自然选择形成的资源（或品种），或利用当地动物资源经人工选育形成的资源（或品种）。

（3）培育资源指利用一定程度的引进资源经杂交而培养的资源（或品种）。

（4）引进资源指从国外引进的动物种质资源（或品种）。

（5）其他上述类型以外的种质资源类型。

3．动物种质资源的主要功能特性

（1）高繁殖力指本行业内公认的具有高繁殖性能的种质资源。

（2）高生产力指本行业内公认的具有高生产力的种质资源。

（3）优质指本行业内公认的具有优良品质、风味的种质资源。

（4）抗病虫指本行业内公认的具有抗疾病、抗虫特性的种质资源。

（5）抗逆指本行业内公认的具有抗逆境（生态、气候等）种质资源。

（6）耐粗饲指可耐受粗放的饲养管理条件。

（7）耐高温高湿指可耐受高温度、高湿度气候的种质资源。

（8）耐高寒指可耐受高原寒冷气候的种质资源。

（9）耐极端干旱指可耐受极端干旱的种质资源。

（10）其他。

4．动物种质资源的主要用途

（1）利用种质资源生产的产品供人类肉、蛋、奶、蜜等食用的种质资源。

（2）纤维指利用种质资源，生产的产品提供纺织原料的种质资源。

（3）役用指具有使役价值或使役潜力的种质资源。

（4）药用与保健指利用种质资源，生产的产品具有药用与保健功能的种质资源。

（5）生物防治指具有生物防治（病害、虫害）功能的种质资源。

（6）观赏、竞技及娱乐指具有供人类观赏、竞技及娱乐的种质资源。

（7）毛皮指利用种质资源，生产的产品为人类提供毛皮用途（如裘皮）。

（8）其他。

5．气候带动物种质资源所属气候带

（1）热带。

（2）亚热带。

（3）暖温带。

（4）温带。

（5）寒温带。

（6）寒带。

6．海拔指种质资源原产地的平均海拔（m）.

7．经度指种质资源原产地的经度（rad）

8．纬度指种质资源原产地的纬度（rad）

9．年平均温度指种质资源原产地的年平均温度（℃）

10．极端平均高温指种质资源原产地的极端平均最高温度（℃）

11．极端平均低温指种质资源原产地的极端平均最低温度（℃）

12．年平均湿度指种质资源原产地的年平均湿度（%）

13. 年平均降水量指种质资源原产地的年平均降水量（mm）

14. 生境指种质资源原产地的生态环境

A.3.5 基本特征特性描述信息

1. 生活生态习性指动物种质资源的生活生态习性

2. 繁殖周期指种质资源的繁殖周期（妊娠期或生活史）

3. 性成熟期指种质资源的雌、雄性成熟时间

4. 生命周期指种质资源的活体寿命长短

5. 形态特征指种质资源的主要形态、特性等

6. 具体用途指动物种质资源的具体用途

A.3.6 其他描述信息

1. 记录地址指提供种质资源详细信息的网址或数据库记录联接

2. 图像指动物种质资源的图像信息图像格式为.JPG

3. 视频指动物物种资源的视频信息

4. 图形指特种资源的三维图形信息

A.3.7 收藏单位信息

1. 动物种质资源的保存单位名称（固定为海南省多样性博物馆）

2. 种质资源在保存单位的内部编号（自行定义编码格式）

3. 保存的动物种质资源的类型

（1）活体；（2）精子；（3）卵子；（4）胚胎；（5）细胞；（6）DNA；（7）其他。

4. 种质资源的保存方式

（1）保护场；（2）保护区；（3）基因库；（4）其他。

A.3.8 共享方式

1. 动物种质资源的共享方式

（1）无偿共享；（2）部分有偿共享；（3）全部有偿共享；（4）合作研究；（5）交换；（6）保密。（7）其他。

2. 获得动物种质资源的途径

（1）邮寄；（2）现场；（3）其他。见表 A.1。

3. 获取动物种质资源的联系方式

包括联系人、单位、邮编、电话、电子邮件等。见表 A.2。

表 A.1　动物物种基础信息表（简介）

[参见表 A.3 中 8，12，15，16，35]

种拉丁名		种中文名	
综合描述		形态特征，国内分布，用途	
图片			

表 A.2　动物物种详细信息表（科普、爱好）

护照信息			
资源号*（1）可选	1311C0001000000001	资源编号（2）可选	X-01-01-001-01
资源外文名（5）可选	Min	科名*（6）可选	Family.Suidae 猪科
种名或亚种名（8）	Species.S.Scrofa 猪	来源地（12）	黑龙江
标记信息			
资源归类编码*（13）可选		13111111101	
功能特性*（15）		耐高寒；抗逆；高繁殖力；耐粗饲	
主要用途*（16）		肉	
基本特征特性描述信息			
海拔（18）可选　450	经度（19）可选	13212 可选	纬度（20）可选　4715－4020
繁殖周期（27）可选	年产 2 窝	性成熟期（28）可选	8 月龄
生命周期（29）可选	8	形态特征（30）可选	黑色、皮厚、粗造
其他描述信息			
记录地址（33）可选	http://www.cdad-is.org.cn/querry.cbs?Allindex=0001000000001	图像（34）可选	1311C0001000000001.jpg
收藏单位信息			
保存单位*（35）		黑龙江省兰西县种猪场	

参见表 A.3 中[1-34 项的任意组合，必须包含 8，12，15，16，35]

表 A.3　动物物种完整信息表（专业、研究、管理）

护照信息			
平台资源号*（1）	1311C0001000000001	资源编号（2）	X-01-01-001-01
资源名称（3）	民猪	资源别名（4）	东北民猪、大民猪、二民猪、荷包猪
资源外文名（5）	Min	科名*（6）	Family.Suidae 猪科
属名（7）	Genus.Sus 猪属	种名或亚种名（8）	Species.S.Scrofa 猪
原产地（9）	辽宁省岫岩、建昌、复县、海城等	省（10）	黑龙江、吉林、辽宁
国家（11）	中国	来源地（12）	黑龙江

标记信息	
资源归类编码*（13）	13111111101
资源类型*（14）	地方
功能特性*（15）	耐高寒；抗逆；高繁殖力；耐粗饲
主要用途*（16）	肉
气候带*（17）	温带

基本特征特性描述信息					
海拔（18）	450	经度（19）	13212	纬度（20）	4715～4020
年平均温度（21）	10	极端平均高温（22）	32	极端平均低温（23）	−35
年平均湿度（24）	25	年平均降水量（25）	667	生活生态习性（26）	舍饲
繁殖周期（27）	年产 2 窝	性成熟期（28）	8 月龄		
生命周期（29）	8	形态特征（30）	黑色、皮厚、粗造		
具体用途（31）	肉用	生态系统类型（32）			

其他描述信息

记录地址（33）	http://www.cdad-is.org.cn/querry.cbs?Allindex=0001000000001	图像（34）	1311C0001000000001.jpg

收藏单位信息	
保存单位*（35）	黑龙江省兰西县种猪场
单位编号*（36）	1323C
保存资源类型*（36）	活体

保存方式*（37）	保护场
实物状态*（38）	正常
共享信息	
共享方式*（39）	知识产权性交易共享；资源纯交易性共享；行政许可性共享
获取途径*（40）	现场获取
联系方式*（41）	单位：中国农业科学院畜牧研究所；邮编：100094；电话：010-62000011；联系人：张三
源数据主键（42）	品种登记号

附录 B
《植物资源》数据采集与处理标准规范

编写说明：

"海南生物多样性博物馆"生物物种资源库是海口市、海南师范大学共同投资建设的市级重大科学项目。生物物种资源库的物种资源采集保存涵盖了种子、植物离体材料和动物三大部分。对于物种资源库来说，这些物种资源相关的野外生态信息数据也必须得到合理完善的保存。通过这些信息数据，就能够真实地记录和还原物种资源的生态原貌，能够发现和研究物种资源分布地理状况，这样才能够切实的保护生物多样性。从一开始就限定和规范物种资源信息数据的操作方式方法，可以大大提高物种资源数据的可靠性和真实性，避免在庞大的数据工作中造成遗漏或错误。因此，在已有工作基础上，根据国内外物种保存机构的经验和机制，制定海南省植物物种资源野外采集数据采集与处理标准规范。

B.1 适用范围

本规范规定了海南省生物物种库（简称"物种资源库"）长期保存的野生植物物种资源数据的采集、整理和上报等相关内容。目的在于确保物种资源库植物资源数据来源的可靠性、客观性、长期性，为野生植物物种资源的采集和保存提供数据保障。本规范不仅适用于物种资源库的日常工作，同样适用于同国内外不同物种保存机构之间的物种交换工作中的数据交换，同时服务于海南省自然科技资源平台项目。此外，本规范也适用于其他对野生植物物种收集保存的机构，可

172

供农作物物种库数据保存作为参考。

B.2　引用标准/规范

本规范的研制参考了科技部"国家科学技术基础条件平台资源元数据——核心元数据"和"国家自然科技资源平台数据上报规范"的实行标准，同时借鉴英国邱园千年种子库在信息数据采集上的相关制度和经验。在此基础上，本规范还依据物种资源库在植物资源采集和保存上的实际情况，本着实事求是、积极创新的原则，对以往信息数据管理经验和成果进行总结归纳，并不断修改与完善制定完成。

B.3　定义和术语

B.3.1　信息数据

信息数据是对野生植物物种资源野外采集数据的统称，包含文本信息和多

媒体信息两部分。

1．文本信息

文本信息指依据植物资源采集时填写的纸质采集表，并依靠特定技术手段

转换而成的计算机信息，是纸质信息电子化的结果。

2．多媒体信息

相对文本信息，多媒体信息指的是植物资源采集时使用电子设备录制并存储的影像信息，以反映植物生境、形态、颜色等方面的特征。本规范中，多媒体信息特指图片、视频与三维图形。

B.3.2　字段

字段指在一个数据表中一系列同类内容的标识。文本信息是由若干个字段组成。

B.3.3　字段类型

字段类型主要用于描述字段内容所具有的约束特征。分为以下几个类型：限定型、任意填写型、单选型、多选型。限定型表示填写时只能填写限定的内容。任意填写型表示填写时可以填写任意内容。单选型表示填写时只能从备选的选项中选择一个进行填写，不能填写其他非备选内容。多选型表示填写时只能从备选的选项中选择一个或者多个进行填写，不能填写其他非备选内容。

B.3.4　数据类型

数据类型指在字段填写时，内容的特定形式和构成规则。常用的数据类型有字符、整数、小数、时间类型。其中字符型包含字母（大小写）、汉字，以及其他字符。其他字符分为半角模式和全角模式，半角模式为英文状态下的非字母汉字字符，全角模式指在中文输入状态下的非英文汉字字符。间隔字符指的是空格、制表符及回车。

B.3.5　必填选项

用于描述是否是必填。必填是说明该字段对于物种信息的重要性的程度。必填选项将作为审核物种资源信息的重要依据。

B.3.6　字段说明

字段内容的说明，用于描述该字段的具体功能和内容。

B.3.7　示例

用于对字段说明的举例。

B.4　目　标

本规范目的在于结合国内外物种保存实践经验，参考相关标准规范，并结合物种资源库多年的工作实际情况，建立并健全一整套野生植物物种资源野外采集数据整理与整合的技术体系。在实际植物物种资源采集工作中，具有信息量大、记录要点多、数据繁杂等特点，而且在植物物种资源采集工作中，信息采集工作往往相对滞后，容易存在疏漏或缺失，以至于在物种后期处理中缺少相关原始的资料和依据。并且，在植物物种资源采集工作中，信息采集往往是一次性行为，如果采集数据得不到及时有效地记录与保存，是不可以还原和补充的。因此，通过建立一整套采集数据的标准和规范，利用现代化信息化技术，将有助于提高野生植物物种资源信息数据的完整性和可靠性。

B.5　信息数据的内容

信息数据是对野生植物物种资源野外采集数据的统称，是采集数据的具体体现和反映。信息数据主要包含两大内容，一是文字信息，二是多媒体信息。

B.5.1　文字信息的内容

文字信息是记录和保存野生植物物种资源的有效办法。主要手段是使用信息化手段将纸质采集表中手工填写的信息转换成符合计算机字符要求的电子数据信息。

其中，文字信息主要分为基本信息、采集地信息、生境信息、鉴定信息、标本信息、采集信息和民族植物学信息七大类，共 50 个字段。下边就不同的类别分别对相关字段的内容予以说明。见表 B.1。

表 B.1　植物物种保护数据库的主要信息项

基本信息	采集地信息	生境信息	鉴定信息	标本信息	采集信息	民族植物学
数据录入日期	国家	生境	科中文名	植物习性	凭证标本份数	地方名
采集资源类型	省自治区	伴生物种	科拉丁名	植株高度	样方面积	语种
采集日期	地区	影响因子	属中文名	其他描述	采样株数	用途
采集编号	区县	地形	属拉丁名		结实群居比率	
采集者	具体地点	土地利用	种中文名		发现的植株数	

基本信息	采集地信息	生境信息	鉴定信息	标本信息	采集信息	民族植物学
	纬度	土地母质	种拉丁名		种子收获时期	
	经度	土壤颜色	种下等级		种子收获途径	
	气候带	土壤质地	鉴定者		种子状况	
	海拔高度	坡度	鉴定日期			
	使用 GPS	坡向				
	GPS 地图基准	土壤 pH 值				

1. 基本信息类

基本信息主要记录植物物种资源采集的基本描述，是信息数据的基础部分，主要有以下五个字段。

（1）字段名称：数据录入日期。

（2）字段名称：采集资源类型。

（3）字段名称：采集日期。

（4）字段名称：采集编号。

（5）字段名称：采集者。

各字段的定义如表 B.2 所列。

2. 采集地信息类

采集地信息是分别从行政区划和地理信息上来记录和描述植物物种资源采集的来源。主要包括以下 11 个字段。

（1）字段名称：国家，如"中国"。

（2）字段名称：省自治区，如"海南省"。

（3）字段名称：地区。

（4）字段名称：区县，如"琼中黎族苗族自治县"。

（5）字段名称：具体地点。

（6）字段名称：纬度，如"N25°23′58″"。

（7）字段名称：经度，如"E102°42′58″"。

（8）字段名称：气候带，如"亚热带"。

（9）字段名称：海拔高度。

（10）字段名称：使用 GPS。

（11）字段名称：GPS 地图基准。

各字段的定义如表 B.3 所列。

表 B.2 基本信息字段定义

	字段名称	字段类型	数据类型	必填选项	字段说明	示例如下
字段1	数据录入日期	限定型	时间类型。只包含年月日，形式应如"yyyy-MM-dd"。字符由数字和半角的横杠字符组成，不包含其他任何字符	是	用于记录信息数据从纸质数据表中进入到信息数据中的时间	2008-12-11
字段2	采集资源类型	多选型	字符型。由中文字符短语组成，如果有多个中文字符短语，其间用半角的分号间隔，不包含其他任何字符	是	用于表示该植物种资源对应的采集类型。有以下选项，"种子、活体材料、叶片、DNA材料"。填写一个或多个，当填写多个时，使用半角分号用于区分	如种子；DNA材料
字段3	采集日期	限定型	时间类型。只包含年月日，形式如"yyyy-MM-dd"的形式。字符由数字和半角的横杠字符组成，不包含其他任何字符	是	用于记录采集植物种资源实物的时间。一般来说，应该晚于或等于录入时间	2008-12-11
字段4	采集编号	限定型	字符型。主要包含英文字符和数字，不包含其他任何字符	是	字段号从0000开始，如"Wangyh0001"。不同采集单位的采集编号应该不同。同一采集单位的不同年份的采集编号应不同	
字段5	采集者	限定型	字符型。主要包含中文短语，如果有多个短语，其中用半角的分号进行行间隔，不包含同隔符	是	用于记录植物种资源相关采集人的姓名。该字段应该填写采集者的姓名，如果有多个采集人时，用";"隔开	如"张三；李四"

表 B.3 采集地信息字段定义

	字段名称	字段类型	数据类型	必填选项	字段说明	示例如下
字段 1	国家	限定型	字符型。主要包含中文字符短语。不包含其他任何字符	是	用于记录植物种资源实物采集的国家。该字段可以填写国家的全称或者简称	如"中国"
字段 2	省自治区	限定型	字符型。主要包含中文字符短语。不包含其他任何字符	是	用于记录植物种资源实物采集的省或自治区。填写该字段时应填写该省自治区省自治区的全称或者具有代表性的简称，避免填写不具备代表性的简称	
字段 3	地区	限定型	字符型。主要包含中文字符短语。不包含其他任何字符	是	用于记录植物种资源实物采集的地区。填写该字段时应填写该地区的全称或者具有代表性的简称，避免填写不具备代表性的简称	
字段 4	区县	限定型	字符型。主要包含中文字符短语。不包含其他任何字符	是	用于记录植物种资源采集的区县。填写该字段时应填写该区县的全称或者具有代表性的简称，避免填写不具备代表性的简称。如填写"琼中"时可以填写"琼中黎族苗族自治县"，避免填写"琼"或"琼中自治县"	
字段 5	具体地点	任意填写型	字符型。可以包含所有合法的字符	是	用于记录植物种资源采集的具体地点。该字段主要是弥补行政区划中不足的部分，可以清晰地描述物种资源的具体位置	如"高桥乡桃树村后山 108 国道旁"

	字段名称	字段类型	数据类型	必填选项	字段说明	示例如下
字段6	纬度	限定型	经纬度类型。由字符 SN°'" 和数字字符组成。不包含其他任何字符。	是	用于记录植物种资源采集时的纬度。填写该字段时必须要按度分秒格式填写。其中度分位置上的数字为整数，秒上的数字可以为小数。度分秒是按照 60 进制的方式进行转换	如 "N25°23'58'"
字段7	经度	限定型	经纬度类型。由字符 EW°'"，和数字字符组成。不包含其他字符。	是	用于记录植物种资源采集时的经度。填写该字段时必须要按照度分秒格式填写。其中度分位置上的数字为整数，秒上的数字可以为小数。度分秒是按照 60 进制的方式进行转换的	如 "E102°24'58'"
字段8	气候带	单选型	字符型。由中文字符组成，不包含其他任何字符。	是	用于记录植物种资源采集时所处的气候带。填写该字段时从以下几个选项中进行选择其中一个，"热带、亚热带、温带、寒温带、寒带"	
字段9	海拔高度	限定型	整数型。只填写数字字符，不包含任何其他字符。	否	用于记录植物种采集时所处于的海拔高度，单位为 m。填写该字段时只用填写确切的数字即可	
字段10	使用 GPS	限定型	布尔类型。填写"true"或者"false"表示是或是否	是	该字段用于说明是否使用了 GPS。如果"是"则填写"true"，如果"否"，则填写"false"	
字段11	GPS 地图基准	限定型	字符型	是	该字段用于说明使用 GPS 时使用的地图基准	如 "WGS84"

3. 生境信息类

生境信息用于描述植物物种资源采集时生理环境方面的信息，用于记录和保存物种资源周边的生物环境。该类信息包含以下 11 个字段。

（1）字段名称：生境。

（2）字段名称：伴生物种。

（3）字段名称：影响因子。

（4）字段名称：地形。

（5）字段名称：土地利用。

（6）字段名称：土地母质。

（7）字段名称：土壤颜色。

（8）字段名称：土壤质地。

（9）字段名称：坡度。

（10）字段名称：坡向。

（11）字段名称：土壤 pH 值。

各字段的定义如表 B.4 所列。

4. 鉴定信息类

鉴定信息主要从分类学的角度来记录植物物种资源的鉴定信息。这里一般是由相关采集单位提供的第一次鉴定信息。该类信息一共包括了 9 个如下字段。

（1）字段名称：科中文名。

（2）字段名称：科拉丁名。

（3）字段名称：属中文名。

（4）字段名称：属拉丁名。

（5）字段名称：种中文名。

（6）字段名称：种拉丁名。

（7）字段名称：种下等级。

（8）字段说明：鉴定者。

（9）字段名称：鉴定日期。

各字段的定义如表 B.5 所列。

表 B.4 生境信息字段定义

	字段名称	字段类型	数据类型	必填选项	字段说明	示例如下
字段 1	生境	任意填写型	字符型。可以包含任何合法的字符	是	该字段用于填写植物物种资源所处的地带、植被类型和小生境。不限定填写长度。如"亚热带针阔混交林间草地"	
字段 2	伴生物种	任意填写型	字符型。由中文短语和半角的分号组成	是	该字段填写代表生长环境的建群种、优势种、标志种。如果存在多个伴生物种，使用分号进行区分。	如"匍匐风轮草；龙胆；蕨芽菜；花锚"
字段 3	影响因子	多选型	字符型。由中文短语和半角的分号组成	否	该字段填写这植物种资源所受影响的主要人为因素有哪些。从以下选项中选择、"放牧、耕作、砍伐、修路、采矿、其他、无。填写时可以填写一个或者多个，填写多个时使用半角的分号隔开，如"放牧；耕作；采矿"	
字段 4	地形	单选型	字符型。填写中文短语。不包含其他任何字符	否	该字段填写物种资源采集时所处的地形。从以下个选项中选择、"坡地、平地、山顶平地、谷地、河漫滩、河谷、湿地。填写时只选择其中一项进行填写	
字段 5	土地利用	单选型	字符型。填写中文字符短语	否	该字段填写物种资源采集时所处的土地利用的状况。从以下几个选项中选择、"耕地、"草地、人工林、牧场、原始林、同歇干扰、次生林。填写时只选择其中一项进行填写	

（续）

	字段名称	字段类型	数据类型	必填选项	字段说明	示例如下
字段 6	土地母质	单选型	字符型。填写中文短语	否	这字段填写物种资源采集时所处的土地母质的状况。从以下几个选项中选择，"石灰岩、砂岩、花岗岩、玄武岩、火成岩、红土带"。填写时只选择其中一项进行填写	
字段 7	土壤颜色	任意填写型	字符型	否	该字段填写物种资源采集时所处的土地的颜色状况。可以任意填写	
字段 8	土壤质地	单选型	字符型。填写中文字符短语	否	该字段填写物种资源采集时所处的土地母质的状况。从以下几个选项中选择，"黏土、黏壤土、壤土、砂壤土、砂土"。填写时只选择其中一项进行填写	
字段 9	坡度	限定型	字符型。填写数字	否	该字段填写物种资源采集时所处的坡度状况	
字段 10	坡向	限定型	字符型。填写中文短语	否	该字段填写物种资源采集时所处的方向。从以下几个选项中选择，"东、南、西、北、东南、东北、西南、西北"。填写时只用选择其中一项进行填写	
字段 11	土壤 pH 值	任意填写型	字符型。填写用于表示 PH 值的内容	否	该字段填写物种资源采集时所在土壤的 pH 值的情况。可以任意填写该数据，只要能正确反映土壤 pH 值即可	

182

表 B.5 鉴定信息字段定义

	字段名称	字段类型	数据类型	必填选项	字段说明	示例如下
字段 1	科中文名	任意填写型	字符型。填写与科中文名相关的中文字符短语。不包含其他任何字符	是	该字段填写物种资源采集时鉴定出来的科的中文名。该科中文名应该与中国植物志记载的相关	如"玄参科"
字段 2	科拉丁名	任意填写型	字符型。填写与科拉丁名相关的英文字符短语。不包含其他任何字符	是	该字段填写物种资源采集时鉴定出来的科的拉丁名。填写时应该符合丁名的语法规则，如"Scrophulariaceae"	
字段 3	属中文名	多选型	字符型。填写与科中文名相关的中文字符短语。不包含其他任何字符	否	该字段填写物种资源采集时鉴定出来的属的中文名。该属中文名应该与中国植物志记载的相关，如"马先蒿属"	
字段 4	属拉丁名	单选型	字符型。填写与属拉丁名相关的英文字符短语。不包含其他任何字符	是	该字段填写的物种资源采集时鉴定出来的属的拉丁名。填写时应该符合拉丁名的语法规则，如"Pedicularis"	
字段 5	种中文名	单选型	字符型。填写与种相关的中文字符短语。不包含其他任何字符		填写物种资源采集时鉴定出来的种的中文名。该种中文相关内容为标准。如"大王马先蒿"	

183

	字段名称	字段类型	数据类型	必填选项	字段说明	示例如下
字段 6	种拉丁名	单选型	字符型。填写与属拉丁名相关的英文字符短语	是	该字段填写的是物种资源采集时鉴定出来的种的拉丁名。填写时应该符合物种命名规则，并且应以中国植物志相关内容为标准。如"Pedicularis rex"	
字段 7	种下等级	任意填写型	字符型	否	该字段填写的是物种资源对应的种下等级	
字段 8	鉴定者	单选型	字符型。填写中文字符短语。不能包含其他字符	是	该字段填写的是物种鉴定时鉴定人的全名。避免只填写姓或者名字	
字段 9	鉴定日期	限定型	时间类型，只包含年月日，形式如"yyyy-MM-dd"的形式。字符由数字和半角的横杠字符组成。不包含间隔符	是	该字段用于填写鉴定物种时的日期	示例如下： 2008-12-11

5．采集信息类

采集信息主要记录植物物种资源采集时和物种资源相关的集合信息。该类信息共有以下 8 个字段。

（1）字段名称：凭证标本份数。

（2）字段名称：样方面积。

（3）字段名称：采样株数。

（4）字段名称：结实群居比率。

（5）字段名称：发现的植株数。

（6）字段名称：种子收获时期。

（7）字段名称：种子收获途径。

（8）字段名称：种子状况。

各字段的定义如表 B.6 所列。

6．标本信息类

标本信息用于表示植物物种资源采集时标本方面的相关信息。

该类信息主要包括以下 3 个字段。

（1）字段名称：植物习性。

（2）字段名称：植株高度。

（3）字段名称：其他描述。

各字段的定义如表 B.7 所列。

7．民族植物学信息类

该类信息主要用于记录民族植物学相关信息，即该植物物种资源在当地的民间的记载。该类信息有以下 3 个字段。

（1）字段名称：地方名。

（2）字段名称：语种。

（3）字段名称：用途。

各字段的定义如表 B.8 所列。

表 B.6 鉴定信息字段定义

	字段名称	字段类型	数据类型	必填选项	字段说明	示例如下
字段 1	凭证标本份数	限定型	整数型。该字段只能填写数字字符以表示个数	是	该字段用于表示对应的物种资源提供的采集标本的份数	
字段 2	样方面积	限定型	字符型。该字段只能填写数字字符和字符星号	是	该字段用于表示对应的物种资源采样的面积大小	如 "500×33"
字段 3	采样株数	限定型	整数型。该字段只能填写数字字符	是	该字段用于表示物种资源采集时的采集的总株数。填写整数，单位为株	
字段 4	结实群居比率	限定型	百分数类型。由数字和百分号构成	否	该字段用于表示结实与不结实植株的比率。可填写约数。填写时为百分数	如 "只有 20%"
字段 5	发现的植株数	限定型	整数型。该字段只能填写数字字符	否	该字段用于表示物种资源采集时，该物种资源发现的数目。填写整数	
字段 6	种子收获时期	单选型	字符型。填写中文字符短语。不包含其他任何字符	否	该字段填写的是物种资源采集时该字段用于表示物种资源采集时所处的当天时的时间段。从以下选项中选择一个进行填写，"偏早；合适；偏晚"	
字段 7	种子收获途径	单选型	字符型。填写中文字符短语。不包含其他任何字符	否	该字段用于表示物种资源采取的途径。从以下选项中选择一个进行填写，"植株上；地面上；都有"	
字段 8	种子状况	单选型	字符型。填写中文字符短语。不包含其他任何字符	否	该字段用于表示物种资源采集时的状况。从以下选项中选择一个进行填写，"潮湿；干燥；两者兼有；其他"	

186

表 B.7　采集信息字段定义

	字段名称	字段类型	数据类型	必填选项	字段说明	示例如下
字段 1	植物习性	单选型	字符型。填写中文字符短语。不包含其他任何字符	是	该字段用于表示物种资源生长的习性。从以下选项中选择一个进行填写，"乔木、灌木、木质藤本、直立草本、匍匐草本、攀援草本"	
字段 2	植株高度	任意填写型	字符型	是	该字段用于表示物种资源采集时所测量的植株的高度，可以填写约数值，如 "24～30cm"	
字段 3	其他描述	任意填写型	字符型	否	该字段用于表示植物物种资源未制成标本后会丢失的特征。如 "花黄色；果红色；蒴果"	

表 B.8　民族植物学信息字段定义

	字段名称	字段类型	数据类型	必填选项	字段说明	示例如下
字段 1	地方名	任意填写型	字符型	否	该字段用于说明该物种资源在当地的俗名	
字段 2	语种	任意填写型	字符型	否	该字段用于说明该物种资源在当地俗名所使用的语种	
字段 3	用途	多选型	字符型。由中文短语和半角的分号组成	否	该字段用于填写该物种资源的民间应用有哪些。从以下几个选项中选择，"食用、纤维、嗜好、药用、生态、观赏、材用，其他、无"。填写时可以填写一个或者多个，填写多个时使用半角的分号隔开	如"生态；观赏"

B.5.2　多媒体信息

多媒体信息是指利用现阶段信息技术对野生植物物种资源形态特征的描述。一般有拍照、摄影等手段。在野生植物物种资源采集中，多媒体信息一般指采用图片的形式。

1．图片内容和命名

野生植物物种资源的图片内容应该能正确反映出该植物的外在

187

形态特征。植物物种资源采集时拍摄的图片应该包含以下内容，大生境一张，小生境一张，全株特写一张，果实一张，其他局部特征若干张。一份植物物种资源图片不少于三张。图片要求清晰、自然，能准确反映植物形态特征（图 B.1）。图片命名应与其反映的内容相关。如大生境.jpg，小生境.jpg，植株.jpg，果实.jpg，其他局部特征.jpg 等。如果同一内容出现多张图片，则命名时加上阿拉伯数字以示区分，如花 1.jpg，花 2.jpg。

图 B.1　植物资源图片示例

2．图片的大小及格式

提交图片文件数据格式为.jpg 格式，大小不能小于 1024×768 或者 768×1024。

B.6　计算机软硬环境

B.6.1　计算机操作系统：微软公司的 Windows 2000，Windows XP 操作系统及其以上版本

B.6.2　安装微软公司提供的 Microsoft .NET Framework 2.0 软件，以及微软公司的 Office 系列办公软件

B.7　数据录入和上报

综上所述，信息数据分为文字信息和多媒体信息两部分。两部分信息分别进行整理，然后同时上交到物种库。管理人员将对采集数据进行审核，审核合格后将进入物种管理系统作为物种资源的一部分长期保存。不合格的采集数据将返还至采集单位，予以修改。

文本数据可以采用数据录入 Excel 模版的方式进行填写。如果使用采集数据录入应用程序进行录入，可以进行添加、编辑、删除操作。每次添加或修改结束后一定要进行数据的保存，以确保数据能够正确地进入数据库文件。见表 B.9、B.10、B.11。

表 B.9　植物物种基础信息表（简介）

[参见表 B.11 中 3, 4, 5, 7, 8, 9, 10, 13, 14, 15, 16, 32]

种拉丁名		种中文名	
种拉丁名		种中文名	
属拉丁名		属中文名	
科拉丁名		科中文名	
种别名		是否中国特有	
是否栽培种		国外分布	
国内分布			
形态特征			
生长环境			
用途			
参考文献			
线描图			
图片			
视频			
三维图形			
综合图形		形态特征，国内分布，用途	
图片			

表 B.10　植物物种详细信息表（科普、爱好）

[参见表 B.11 中 1-33 子集并包含 3, 4, 5, 7, 8, 9, 10, 13, 14, 15, 16, 32 子项]

种拉丁名		种中文名	
属拉丁名		属中文名	
科拉丁名		科中文名	
种别名		是否中国特有	
是否栽培种		国外分布	
国内分布			
形态特征			
生长环境			
用途			
参考文献			
线描图			
图片			
视频			
三维图形			

表 B.11　植物种质资源共性描述数据示例

护照信息					
平台资源号*（1）	1111C0001000000001	资源编号（2）		ZM010082	
种质名称（3）	青春 4 号	种质外文名（4）		Qing Chun 4 Hao	
科名*（5）	Gramineae（禾本科）		属名（6）	Triticum L.（小麦属）	
种名（7）	Triticum aestivum L.（普通小麦）				
原产地（8）	西宁	省（9）	青海省	国家（10）	中国
来源地（11）	青海省				
标记信息					
资源归类编码*（12）	11111113101				
资源类型*（13）	选育品种				
主要特性*（14）	抗病				
主要用途*（15）	食用				
气候带*（16）	寒温带				
基本特征特性描述信息					
生长习性（17）	弱冬中熟；直立	生育周期（18）		越年生	

特征特性（19）	抗条锈；抗旱；高蛋白				
具体用途（20）	面条	观测地点（21）		西宁	
系谱（22）	阿勃／欧柔				
选育单位（23）	青海省农科院	选育年份（24）		1978	
海拔（25）	2441	经度（26）	10202	纬度（27）	3643
土壤类型（28）	中等肥力	生态系统类型（29）		农田	
年均温度（30）	6.2	年均降雨量（31）		285.8	
其他描述信息					
图像（32）	1111C0001000000001.jpg	记录地址（33）	http://icgr.caas.net.cn/query.asp？平台资源号=1111C0001000000001		
收藏单位信息					
保存单位*（34）	青海省农科院	单位编号*（35）		青4	
库编号（36）	I1B11088	圃编号（37）			
引种号（38）		采集号（39）			
保存资源类型*（40）	种子				
保存方式*（41）	种质库				
实物状态*（42）	好				
共享信息					
共享方式*（43）	公益性共享				
获取途径*（44）	邮件				
联系方式*（45）	李四，中国农科院品资所，62180000，ls5189@yahoo.com.cn				
源数据主键（46）	ZM010082				

附录C
数据库管理系统建设项目与设备标配清单

1. 采集设备最低配置参考（一套）

序号	设备名称	参考技术说明	单位	数量
		数码相机		
1	机身（含电池、充电器）	单反准专业数码相机； CCD感光器件或高灵敏度、高分辨率、大型单片式CMOS； 像素数≥1000万； B快门/机械快门/电子快门快门速度30s，1/4000s； 自动/手动对焦模式； 程式自动曝光/手动曝光； 彩色液晶显示屏≥1.8英寸，≥11.5万像素； 3年供应商送修	台	1
	标准变焦镜头	24～85mm，f/2.8专业镜头；3年供应商送修	个	1
	微距定焦镜头	最近对焦距离≤0.35m； 视角≥20°； 3年供应商送修	个	1
	闪光灯（含充电器和充电电池）	闪光指数≥38； 2套充电电池，充电电池容量≥2500mAh/节； 1套充电器	个	1
	三角架	最高高度≥1.5m（加云台）； 质量≤4kg；最大负重≥5kg； 高硬度铝合金材质； 3D云台	副	1
	背景纸	防火、抗皱、吸光、抗摩擦材质； 渐蓝；淡灰；纯白背景纸；渐黑；渐灰	张	28
	背景架		副	1

序号	设备名称	参考技术说明	单位	数量
		数码相机		
1	存储卡	1GB	个	3
	读卡器	可擦写 SD 卡/Memory Stick/CF 卡/SM 卡/MMC 卡/XD 卡等多种记忆卡； USB2.0 接口	个	2
	摄影包	可容纳准专业机身 1 台，3 套专业镜头，闪光灯 1 套	个	1
	测光表	（可根据需要配备）	个	1
	快门线		个	1
	反拍架		个	1
		影室灯		
2	灯头	输出功率≥800Ws； 数码无级调光；同步闪光触发；回电时间不超过 2s	只	4
	灯架	最大伸缩高度≤300cm；最小伸缩高度≥100cm； 负载重量≥8kg	副	3
	顶灯架	高度≥3m；负载重量≥5kg	个	1
	柔光箱	尺寸≥80×120cm	个	4
	反光板	银色	个	1
		全景平台		
3	全景云台	材质：军工级镁铝合金，瑞士雅佳 Swiss 标准快装板（包含高级全面保修服务及专用背包）	个	1
	云台水平姿态矫正扩展套件	材质：镁铝合金	套	1
	全景云台高位摄影扩展套件		套	1
	全景软件	iPhone/iPad 平台支持（HTML5/CSS3），时间锁，域名锁，3D 定位音效（包括静态声，环绕声，矩形 3D 指向性音频、环形 3D 指向性音频等），支持音频外置化； 全景视频支持，不受数量限制的交互热区（区域型/点型），场景自动旋转控制，动态镜头光晕效果，无限场景数	套	1

193

序号	设备名称	参考技术说明	单位	数量
		三维扫描仪		
4	扫描仪	平板式彩色图像扫描仪； CCD 扫描元件； 光学分辨率：（不低于）4800×4800（dpi）； 最大分辨率：（不低于）12800×12800（dpi）； 接口：USB2.0/IEEE 1394； 最大扫描幅面：A4； 扫描速度：反射稿＜35s，35mm 正片＜70s，35mm 负片＜100s； 扫描介质,图片/文件/胶片/正片,支持 120 底片扫描； 3 年上门服务	台	1
4	三维扫描仪	技术参数： 测量方式：三维结构光栅式光学测量； 单幅扫描范围：单幅扫描 400×300×500 mm^3（max），200mm×150mm（独立模式，可调）100×750×80mm^3（min）； 单幅测量精度：≤±0.015mm； 测量点距：0.07～0.35mm； 扫描时间（每幅，秒）：≤5s； 扫描景深：0～500 mm； 光栅技术：外插法多频相移技术； 数据输出接口：通用型 USB 接口。 操作系统：兼容 Windows98/NT/2000/XP/Vista 软件： 扫描仪控制模块； 系统标定模块； 双视觉识别模块； 扫描及重建模块； 三维显示模块； 标志点全自动拼接（重叠点云自动删除）；与手动拼接模块； 预处理及点视觉模块； 专业深色物体扫描模块； 扫描实时误差显示与优化模块；		

194

序号	设备名称	参考技术说明	单位	数量
		三维扫描仪		
4	三维扫描仪	对采集每幅数据可进行点距测量，可进行点云噪声处理、去除孤岛、修剪等编辑操作； 3-2-1 坐标对齐模块； 分理及标志拼接点视觉模块； 全自动光学自动增益调整模块； 可导入三维摄影测量工程文件。 硬件： 光栅系统：LCOS 数字光栅器； 光栅镜组：德国蔡斯工业级镜组，具备变焦功能； 辅助工具：360°×90° 全方位旋转平台； 取像设备：摄像传感器（百万级像素）： 1310000.00×2； 扫描平台：360°扫描专用转盘； 标定板：精密标定板		
		三维摄像机		
5	三维摄像机	双镜头，420 万像素，10 倍光变； 闪存式3.5 寸屏	台	1
6	台式机	CPU 及主板规格：i3-2120（主频 3.3G，缓存 3M）、INTEL H61； 操作系统：WINDOWS 7 RPO； 内存：2G DDRIII； 硬盘规格：500G SATA 7200RPM； 显示器及分辨率：19"LCD 液晶显示器； 详细配置：512MB 独立显卡/防水键盘/光电鼠标/DVDRW/机箱体积 20L； 其他	台	1
7	笔记本电脑	第二代英特尔®酷睿™i5-2540M 处理器（2.5 睿频～3.1GHz，3MB）； 操作系统：预装正版 Windows® 7 PRO； 内存：2GB（4GB/0GB）PC3-10600 1333MHz DDR3 内存； 硬盘规格：500GB 7200rpm SATA 硬盘	台	1

序号	设备名称	参考技术说明	单位	数量
		测量设备		
8	电子天平	便携式；最大称量值≥500g； 可读精度 0.01g	个	1
	电子台秤	最大称量值≥30kg； 可读精度 1g；秤盘尺寸≥200mm×250mm	个	1
	游标卡尺	显卡尺；测量范围 0～300mm；分辨力：0.01mm	个	1
9	移动硬盘	2.5 英寸，160GB 容量；USB 2.0 接口； 8M 缓存； 5400rpm；USB 口直接取电防震功能； 3 年供应商送修	个	2

2. 数据存储及数据管理设备最低配置参考

序号	设备名称	参考技术说明	单位	数量
1	PC 服务器	配置 2 颗 2130MHz 5606CPU； 操作系统； 支持 2 个全高全长 PCI 标准卡； 1TB 7.2kRPM SATA×2、本次配置支持 RAID 1、RAID 5、RAID 6，支持最多 12/8 个 2.5/3.5 寸 SAS/SATA 热插拔硬盘； 具备 12 个以上 DIMM 扩展槽位，最大支持 96GB 内存，配置 DDR3 RDIMM/UDIMM 内存 4GB×2； 配置冗余电源、风扇、板载 2 个 GE 电接口、硬盘支持热插拔；提供 USB DVD 驱动器。	台	1
2	桌面硬盘	容量：1000GB； 接口：USB（用于管理存储数据）	个	3
3	笔记本电脑	第二代英特尔®酷睿™i5-2540M 处理器（2.5 睿频～3.1GHz，3MB）； 操作系统：预装正版 Windows® 7 PRO； 内存：2GB（4GB/0GB）PC3-10600 1333MHz DDR3 内存； 硬盘规格：500GB 7.2kRPM SATA 硬盘；	台	1

序号	设备名称	参考技术说明	单位	数量
4	操作系统	Windows Server 2003 R2 标准版（安装于管理存储数据 PC 服务器）	套	1
5	数据库	Microsoft SQL server 2005 标准版	套	1
6	防病毒软件	如瑞星杀毒软件 2008 版	套	1